太平洋房屋贊助出版 太平洋房屋 Pacific Realtor

綠適居〔1〕

GCHA Green Comfort Health Architecture

打造綠色、舒適、健康的好宅不是夢。

邱繼哲
建築物理與環控專家、科技風水師、
平民綠建築推手、台灣綠適居協會理事長

譚海韻
台灣綠適居協會祕書長

Recommend

推薦贊助序

人生於自然，那自然的環境也溫養了過去的世代，但在追求更高的生活品質上，人們汲汲營營於經濟成長，建造了不再自然的城市，忘記了起初的追求是為了提升生活品質。當朝九晚五的現代人在不自然的城市裡尋求一個安居樂業的家，往往把自己的家當作一個堡壘，保護自己遠離城市的污染，同時為裡面添加諸多賞心悅目的擺飾與裝潢，卻也忘記這並沒有將自己帶回自然，也不見得有提升自己的生活品質，不見得是人應該追求的一切。

我們說，「家」永遠最好，因為那不能請代理人經營的事業就叫做「家」。一個人一生最重要的時間應該花在他自己的家上，因為在那裡才有他成長、建立家庭、養育兒女的回憶。房子往往是那回憶的背景，如此重要的場景，當然更需要用心的維護，讓其成為一個為自己健康及心情加分的地方，但這到底要如何做到？讀到繼哲老師的好房子，我真心覺得這就是一個為想要用心經營自己家的人所準備的工具書。

好房子是改出來的！若居住的人沒有住好房子的意識，再好的房子，也會被住得問題叢生。若居住的人有住好房子的想法，也願意學習諸般繼哲老師分享的知識，再爛的房子，也可以為自己的生活加分。我真心推薦繼哲老師的《綠適居[1]：打造綠色、舒適、健康的好宅不是夢》，為你提升住的品質。

章克勤

太平洋房屋副總經理

Preface
自序1

住得舒適健康是基本人權

我一直認為，家是幸福的泉源；創造一個舒適、健康的居家環境，在屬於自己的城堡裡幸福、快樂地生活，人生再沒有比這件事更重要且「基本」的了。

台大研究所專攻生物環境系統研究，有一段時間都在研究如何讓豬舍室溫恆常維持在16～21℃之間，室內的風場風速不高於每秒0.18公尺以免揚塵，以保持豬隻最大的增肉率。說得更全面點，我的研究包含了透過控制畜舍的空氣溫度、溼度、粉塵量、換氣率、日照量等等，創造一個最舒適的環境，給大豬小豬最健康的成長空間，好讓它們回報給我們最高的產肉量。

那時很多朋友笑稱我的工作宗旨，是讓動物住得比人還舒服。然而其實人類絕對有能力也應該有權利住得這麼好，可惜的是，大家或因平時忙於工作、或因習慣使然、或是法規不周全而遷就較低的居住標準，而平白放棄了追求「正常」生活品質的機會。

人要怎麼才能住得舒適健康呢？我衷心的建議是，對自身居住環境多一點關心，多用一點力去動手做，那麼一切都不會那麼困難。相信我，這本書，會協助大家把這件事變得簡單。

住得好還要住得巧

我早就從為動物服務轉到為人服務。這幾年環保綠建築的風潮方興未艾，大家對於居住品質的要求除了健康，舒適之外，還要求人造的建築不要對自然造成過多的負擔，因此對建築、裝潢講究利用天然無毒可再生的建材，多使用被動式手法進行自然採光、通風、隔熱，進而有效地提高能源使用效率。

想像有這麼一個擋風遮雨的小窩，採光好，視野佳，不論外頭屬於哪個季節，在裡頭兜兜轉轉，四處的溫度都妥適地維持夏天在28℃以下，冬天在19℃以上，溼度維持在40%～70%之間，空氣則永遠如雨後早晨的森林般乾淨、清新，PM2.5是最低的濃度。人住在裡面不僅不會生病，而且常保身心舒暢，能源費用負擔還比其他尋常人家輕鬆起碼百分之三十。這是那一年海韻答應嫁給我時，我給她的承諾。

平民綠建築＝菜市仔綠建築＝LOCAL綠建築

好宅不必是豪宅。我的理想就是發展平民化的綠建築手法，幫助所有的朋友，不管來自社會哪一個階層，不管住的是獨棟、雙拼、大廈式集合住宅、小公寓或是透天厝，每一個人都可以用合理的預算，享受安全、健康及舒適的基本住宅環境，包括乾淨、衛生、安全的水，新鮮、無臭味、無污染的空氣，溫度、濕度適中的室內環境等等。甚至未來，我還夢想能夠看到家家戶戶都可以簡單安裝使用可再生能源，甚至可以零能耗及零排碳。

住得好是基本人權，綠建築也不是豪宅的代名詞，誠心希望每個人都能勇於實踐打造自己的幸福家園，用綠色的手法讓居住環境品質大升級，不再感覺綠建築距離我們很遙遠。

推廣「綠適居」精神，非做不可！

在2004～2007年那段時間誤打誤撞擔任環保聯盟的義工，提著「一卡皮箱」節能教具到處演講「節能減碳DIY」及「省電節能唯一招」，希望大家都能省電，省了電之後便可以關掉危險致命的核能電廠，達到非核家園的理想。

這些年來我一直在思索一種既能夠滿足人們對舒適健康的需求但又不需要使用能源的人居環境。在2007年創立「台灣綠適居協會」、2008年成立「綠適居社會企業」、2009年出版《好房子》、2011年出版《好房子[2]》之後，有很多讀者千里迢迢來我家上課，也有邀請我參觀他們因這本書的啟發而打造的幸福家，或者請我幫他們的房子健檢，給予建議，還有許多人在部落格及粉絲專頁上留下問題，希望我們解答。

這些出書後所發生的事讓我非常感動，也感觸深刻，感動的是，我分享自家改造的故事竟然可以幫助那麼多人；感觸的是，竟然有那麼多人的居住環境存在著許多基本的環境不良問題。我們能夠做的就是繼續發揚「綠適居」的精神，與大家分享如何健檢環境及對症改善，打造幸福生活的「綠適居」。

藉著這些年來我們夫妻倆（2012年之後多一個小娃兒）住過的環境進行的自宅改造、社區改造等種種經驗做為《綠適居[1]》的主軸，希望本於居家環境是全家人幸福的泉源；打造一個舒適、健康的居家環境，是我責無旁貸的義務，在屬於全家人的城堡裡幸福、快樂地生活，人生再沒有比這件事更重要的了。

邱繼哲

2016.08.31

Preface

自序2

每次跟人介紹自己的工作時，總是一言難盡。

如果簡單說：我們在做綠建築相關的工作。對方通常會反應：綠建築很貴吧？那你們很懂植物囉？要裝很多光電板嗎？

如果解釋清楚一點，對方就會問：那你們的主要收入是什麼？這樣活得下去嗎？

2006年從台北搬到台中，我當初只是盡力配合繼哲實踐他的想法，沒想到這會轉變成我們賴以維生的工作。10年來一路跌跌撞撞，雖然現在還是沒有所謂的主要收入項目，但好像過得也不糟。只要我們能做的都會盡力去做，現勘、顧問、演講、開課、出書、銷售、自己當綠師傅……，生活非常充實。

2009年和2011年出版的《好房子》及《好房子[2]》，都獲得滿不錯的反應，看到有人認同我們的想法、改善了自己的居住環境、獲得舒適節能的結果，即使我們沒有因此賺很多錢，但有些收獲是無法用金錢衡量的。

這本書是《好房子》的改版，雖然基本的觀念沒有變，但經過這些年來有些想法與作法的調整，加上新產品新材料的出現，讓我們覺得有需要將書的內容作整理，相信這是一本非常實用的工具書，無論是設計師或一般民眾、既有環境的改善或是新的設計規劃，都能將我們分享的經驗運用於其中，而且保證成功。

2015年我們帶著孩子搬回台北，繼續實踐當初的理想：協助有需要的人打造綠適居。無論用何種型態實踐，相信只要方向正確，無論大花還是小花，最終都會開出美麗的綠適居之花。

譚海韻

2016.08.31

目錄
Contents

Chapter 1 打造舒適的熱環境

Chapter 2 打造健康的空氣環境

Chapter 3
打造宜人的光環境

目錄
Contents

Chapter 4 管理良好的水環境

Chapter 5

安全節能的居家電器設備

目錄 Contents

前言 Foreword

每個人都可以打造心中的「綠適居」

2006年我們用前幾年辛苦工作攢下的積蓄，在台中買了一個屬於自己的小城堡。這個小城堡的先天條件並不優，我們捲起袖子，傾出過去多年在綠建築上的所學，大力改造，過程雖然諸多波折起伏，但結果總算是圓滿。一方面圓了自己多年來的小小夢想，另一方面也累積了更多的綠建築改造實戰經驗，證明透過綠色的手法創造舒適健康的居住環境，不一定要很貴，甚至非常平民，讓我們更有信心在這裡和大家分享心得。

一般人對好房子的定義不外乎地段好、生活機能強、視野佳、坪數足夠、公設比低、管理費少、格局方正、鄰居素質好、風水好等等，更仔細一點的人，可能還會注意房子是否是輻射屋或海砂屋、房子的結構安全如何、防火避難功能、無障礙環境完備與否等，甚至考慮到是不是廢爐渣蓋的房子。但是我們是敏感體質，一走進建築物，就像偵測器一樣，可以立即感受到建築物異常的溫度、濕度，甚至可以感測到黴菌、二氧化碳及甲醛的氣味等等，所以在上述房子的「基本條件」之外，對於居住空間的「環境品質條件」自然變得比較在意，還為此把綠建築中的建築環境控制及設備研究當成終身的理想志業。

《綠適居 [1] 》是從物理環境條件去定義居住品質，我們鼓勵大家打開身體的感應器，用另一個視角來觀看自己的房子，看看房子能否成功地提供自己一個良好的空氣、照明、溫濕度條件，使每一位家人身在其中，都得到身心的安適與健康，同時，也看看房子能不能滿足新時代的環保節能要求。

目前的建築物大多是舊的建築物，有問題其實是正常的，重點是，所有的問題都可以有改善之道。為了有效分享我們的所學與經驗，我們將台灣現代住宅中主要常見的問題，分別整理在本書五個單元之中，每一個單元都盡量兼顧理論跟實作，希望拋磚引玉，協助大家判定問題，並解決問題。

我們買了西曬＋頂樓曬＋漏水＋建商不肯收尾的房子

在正式進入主文之前，先看一下我們買的房子一開始有多糟，這樣大家再對照後面的改善成績就可以相信：只要有足夠的知識、信念和經驗分享，化腐朽為神奇絕對是可能的。

我們的第一個小窩位在台中市七期重劃區附近的大樓頂樓，它有極佳的開闊視野，可以往西看到大肚山，這表示它是強烈西曬及頂樓曬的惡劣環境，是一間讓人住在裡面，夏天拼命吹冷氣，但汗水還是流不停的房子。不過，買房子通常是妥協的藝術，我們最後還是把它買了下來，最主要的一個原因是這房子實在不貴，三房一廳也符合我們的空間需求，以我們有限的預算來說，它大概是我們可以買到視野最好、空間最大的房子了。

搬進去之後我們從鄰居的口中得知，前任屋主就是因為恐怖的西曬、晚上驚人的頂樓樓板溫度，以及高得嚇人的電費，住不到半年就趕緊賠錢求售，「逃」出了這個房子。

我們是2006年3月搬入的，沒多久也遇到夏天，果不其然，西曬屋在夏天熱得嚇人，下午室外攝氏33度，室內則是39度的超高溫。剛搬進去的前幾個月，家中室內還在規畫及裝修階段，冷氣空調尚未裝置，我們每天身處在恐怖炙熱的地獄環境，苦不堪言。從下午到晚上，只要用手去觸摸西曬牆及屋頂樓板的混凝土表面，感覺都是燙的。為此，我只好從媽媽家借了一台直立式窗型冷氣當作是「小區域個人空調系統」，並從冷氣出風口拉一根鋁風管直接往海韻的頭頂吹，讓她能及時降溫、消消怒火，否則我的日子就難過了。

還有蚊子、臭氣與燙人的嵌燈

預期外的狀況不只一樁，一次100隻的蚊子從廁所排氣扇竄出，也把我們嚇壞。我們家的浴廁無對外開窗，便需利用排氣扇將廢氣及濕氣抽至管道間，再上至屋頂的管道間出口排出室外，建商將管道間出口的百葉內側加設防蟲網，可能是想避免蚊蟲從外飛入經由管道間進入住戶家中。偏偏我們大樓管道間裡面的底部積水，成了蚊子繁殖的好處所，當孑孓長大成了蚊子往上飛，反而被管道間出口的防蟲紗網困在裡面、飛不出去，只能全部經由頂樓住戶沒有逆止閥門的排氣扇排氣口飛進家中，而長時間排氣的灰塵將防蟲網阻塞，連空氣也排不出去。

另外，剛搬進新家時，明明到處都已擦拭乾淨，還是會聞到臭味，感覺差勁透了。經過多次試驗及觀察，才發現原來馬桶底座周圍螺孔沒有封好、排水口沒有存水彎、排氣扇沒有逆止閥門，臭氣循著污水排水管或通風管全往家裡面竄，就是臭味的源頭。

還有因為建商設計有2個房間和衛浴是上下夾層的關係，主臥浴廁實際淨高度只剩176公分，我在裡面無法抬頭挺胸，洗澡時頭髮剛好會接觸到天花板中央嵌入式的50W鹵素燈泡，一開始還沒有太留意，未料一次洗澡時忽然聞到陣陣燒焦味，手一摸頭髮便掉了一搓下來！原來鹵素燈泡的表面溫度高達攝氏四百度，一下子就把我的頭髮燒焦了！

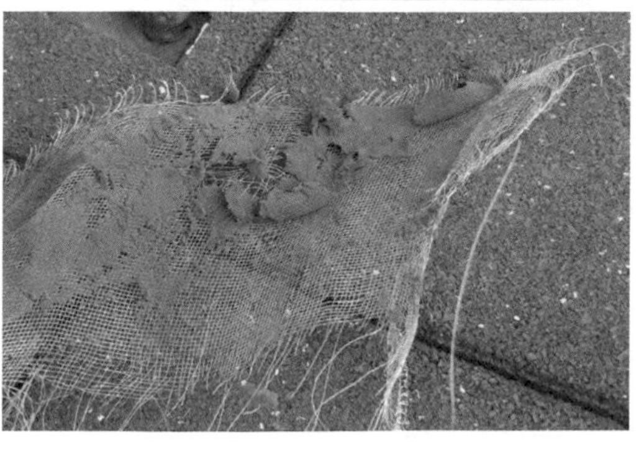

別緊張，這些都可以解決

後來，我們做了隔熱屋頂、隔熱雙層窗、隔熱雙層牆、有逆止閥門的直流變頻排氣扇，並且將所有的鹵素燈泡都換成了最節能LED燈泡，整個居家改造內容多達數十項，這讓所有的居家環境及耗能的問題都迎刃而解。很難想像嗎？繼續讀下去就知其奧妙了。

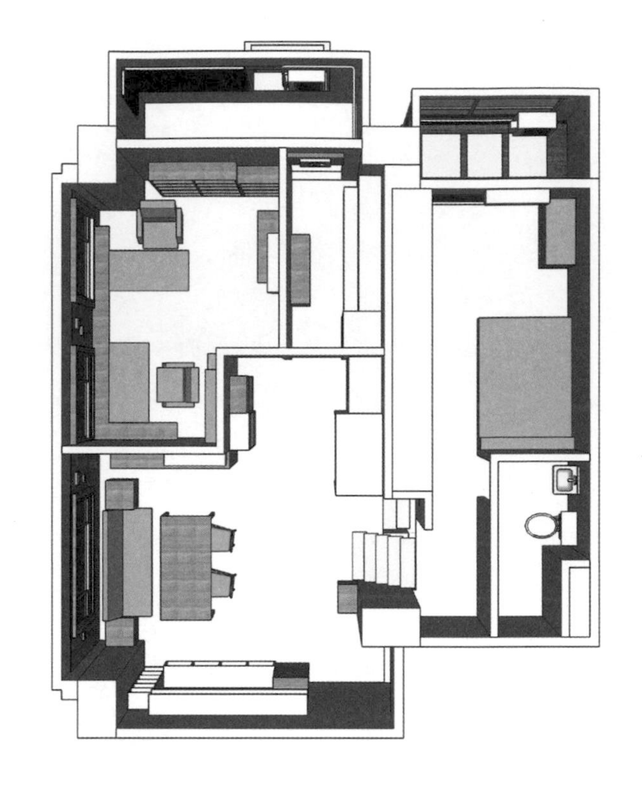

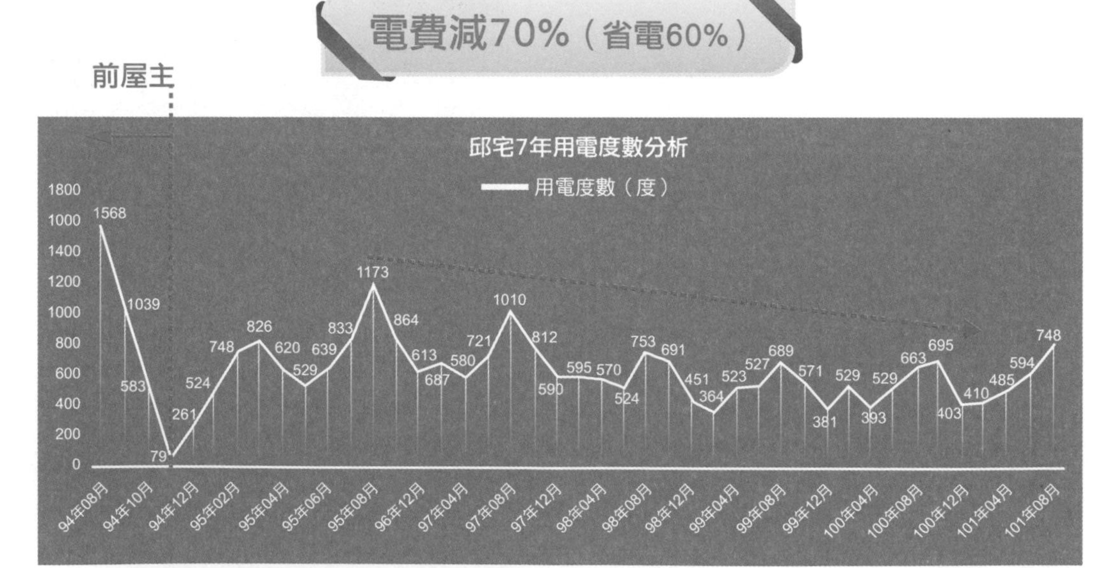

註：電費與省電比率有差異，主要是因為電價有級距，用電度數越高電價越高，電費也就越高。

熱環境 改善手法	・隔熱雙層窗 ・隔熱雙層牆（岩棉、玻璃球、泡沫玻璃） ・隔熱屋頂（隔熱磚、木棧板、花園） ・吊扇 ・變頻立扇 ・室內外溫濕度計 ・小型氣象站
空氣環境 改善手法	・規畫通風路徑 ・進氣口、門板進氣口、牆壁進氣口、排氣口 ・防逆流變頻排氣扇 ・計量換氣集風箱及風管 ・自然通風器 ・抽油煙機逆止閥門構造 ・備長碳 ・全屋換氣扇及活動百葉 ・植物油護木油 ・原木松木裝修雙層牆壁板 ・原木透氣調濕家具 ・全屋排水口存水彎及水封 ・廁所排氣扇24HR運轉（設置獨立開關） ・空調室外機通風散熱路徑設置 ・窗戶氣密條及門檔氣密條
光環境 改善手法	・T5燈管及電子式安定器＋多段式切換開關＋加強亮度反射板 ・省電燈泡 ・LED燈管、LED燈泡、LED條燈 ・LED床頭閱讀燈、LED檯燈 ・多段式切換開關 ・LED門牌
水環境 改善手法	・原木透氣調濕家具 ・備長碳（調濕降低濕度） ・省水閥 ・洗澡水回收 ・碳化木地板 ・自動澆灌系統
安全節能 電器設備 改善手法	・節能燈具（LED燈泡、LED燈管、LED檯燈、T5燈管） ・變頻式空調 ・變頻式冰箱 ・變頻式抽油煙機 ・變頻洗衣機 ・變頻微波爐 ・變頻浴廁排氣扇 ・變頻立扇 ・省電開關插座 ・智慧電表

Chapter 1

打造舒適的熱環境

給我舒爽好室溫

做好遮陽和隔絕，熱氣不進屋

平常大家在說環境熱不熱、冷不冷的時候，多半只注意到環境溫度是否升高或下降，其實空間的溫熱環境，是由空氣溫度、空氣濕度、熱輻射和風速等四個環境參數綜合組成，並不如想像中單純。關於好的溫熱環境，有的很平鋪直敘，例如我們已經很熟悉「冷氣請調在攝氏26～28℃」的說法，但是這實在很難表達溫熱環境的全貌；也有的是引用更仔細而貼切的數據說明，例如濕度在50～70%條件下，溫度19～30℃最怡人。

所謂舒適的溫熱環境，即室內的溫、濕度要在宜人的範圍，也就是室內的溫度及濕度不受室外環境變化而大幅度變動，忽冷忽熱人便容易感冒，所以如果家裡的環境能保持在舒適的狀態下，夏天不開冷氣不會滿身大汗、冬天回到家即使不穿外套也不冷。

對於我這個實事求是、凡事一定要說清楚、講明白的人來說，「舒適的溫熱環境」指的是人體、室內熱環境、室外熱環境三者彼此之間可以維持一個熱平衡的狀態。換個角度說，舒適與否是人體與室內溫熱環境交互影響下最直接的感受，其中室內溫熱環境又是房子外殼與室外溫熱環境在不斷傳導、傳透等互動下的平衡狀態。因此，為了維持室內舒適的溫熱環境，現在大家習慣利用各種空調設備或自然通風的手法來解決，卻忽略了最根本的解決之道，就是做好建築本身的保溫與隔熱。

更值得一提的是，室內氣溫並非每一個角落都相同，根據建築物構造、外界的氣候條件、冷暖房方式等，會產生垂直以及水平方向的空氣溫度差異。其實，舒適的溫熱環境跟光環境一樣，也要講求「均勻」，氣溫若不均勻，頭和腳感覺到的溫度不同，容易造成不適、甚至感冒。至於一般舒適的風速，以在室內的人感受不到風為最佳，約在每秒一公尺以下。

何謂舒適的熱環境

舒適的建築熱環境服務的對象是人，人要能覺得熱舒適取決於人體的熱平衡，人體內外會熱平衡，人的體外就是建築室內環境，為取得建築室內外環境的熱平衡，讓人體內外與建築室內外處於穩定適宜的熱平衡狀態，就能達到舒適的溫熱環境。

房子中熱獲得和熱損失的量，與房子建築設計密切相關，即房子的方位、外型、窗戶、外牆及構造形式，與人的行為模式都對房子內的溫熱環境有很大影響。一個好的建築熱環境應該使以下各項熱獲得量的總和等於熱損失量的總和，那就可以達成建築的熱平衡。

熱獲得和熱損失，主要來源包含以下十項：

・熱獲得部分

1. 通過牆和屋頂的太陽輻射熱：房屋外表面吸收了太陽輻射並將其轉換成熱能，通過熱傳導到房屋的內表面，再經表面輻射及空氣熱對流將熱量傳入室內。

2. 通過窗的太陽輻射熱，主要是直接透過玻璃的輻射。
3. 居住者的人體散熱。
4. 燈具和其他設備散熱。
5. 暖房設備散熱。

・熱損失部分

6. 通過外殼構造的傳導和對流輻射向室外散熱。
7. 空氣滲透和通風帶走熱量。
8. 地面傳熱。
9. 室內水分蒸發，排出室外所帶走的潛熱熱量。
10. 冷房設備吸熱。

參考資料：邱繼哲，建築物及生物成長設施之誘導式通風冷卻設計研究：以雙層外殼內置流動空氣層構造為例，2002，p31

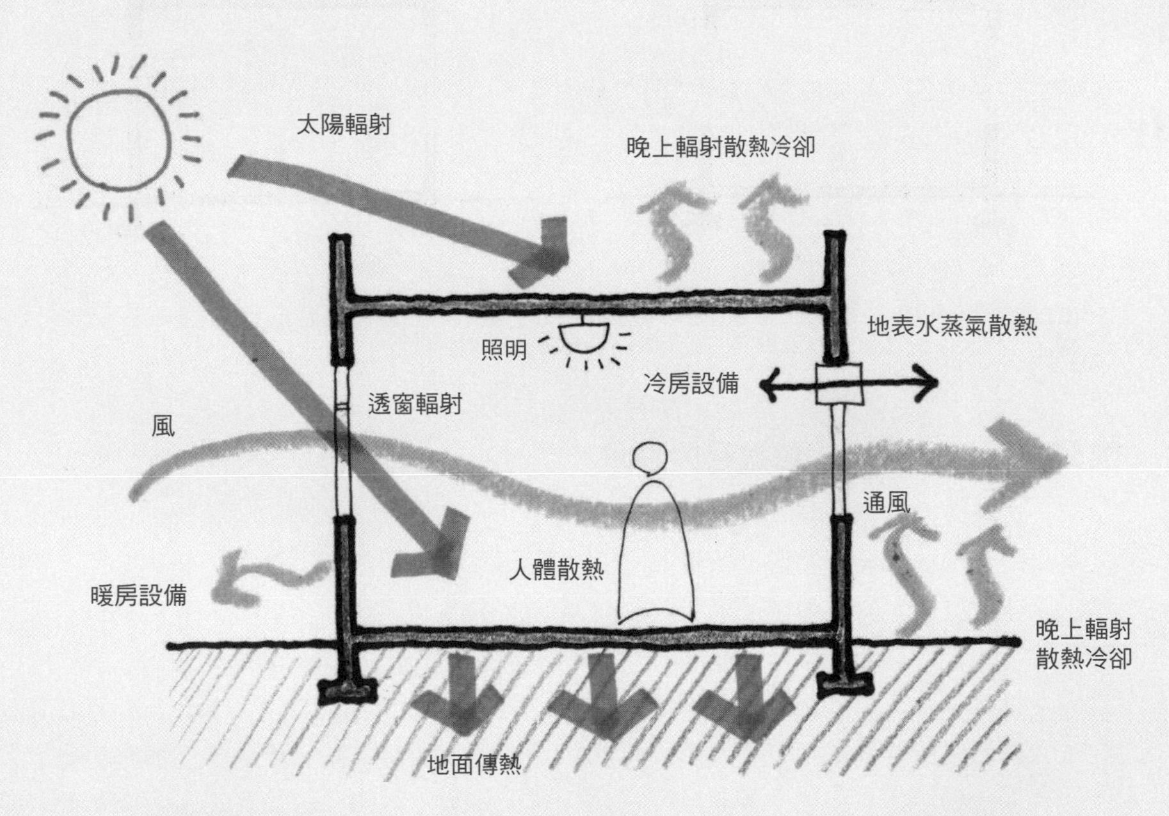

房子的熱獲得與熱損失，如果能夠與人的散熱達成熱平衡，就是最舒適的溫熱環境。將室內濕度控制在70%以下，並觀察室內外的溫度差異，再決定要關窗並適當換氣還是開窗大量通風，以獲得季節能又舒適的環境。

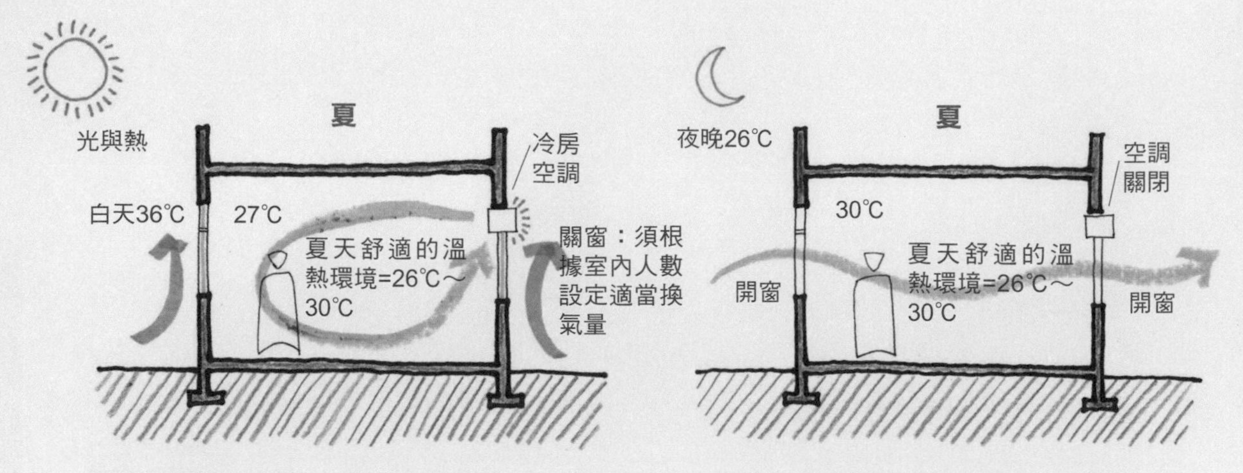

夏季的舒適溫度為26～30℃，白天室外36℃、室內27℃，適合關窗，甚至要開啟冷氣保持室內溫度。夜晚室外26℃、室內30℃，適合開窗通風，讓室外涼爽的空氣進入室內。

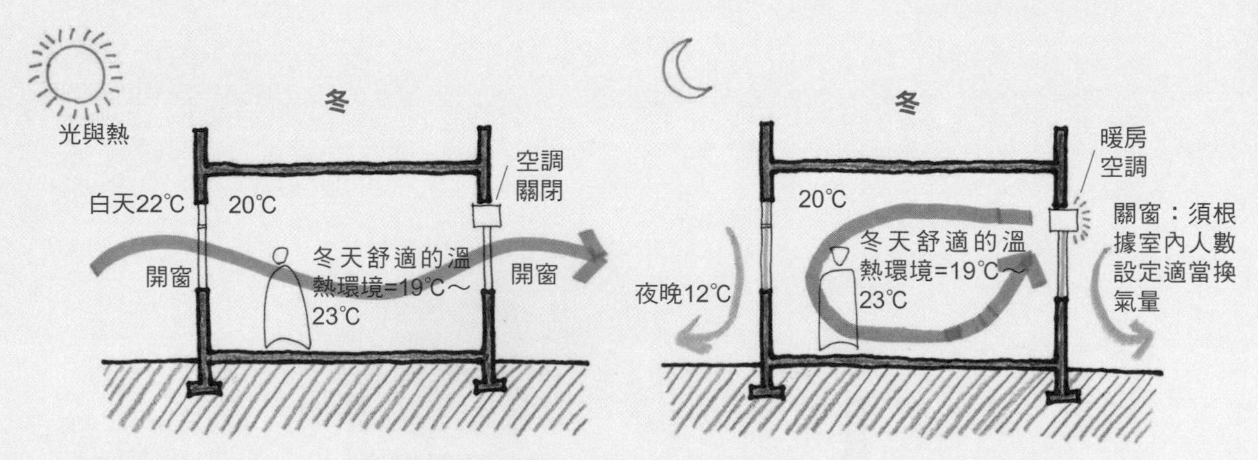

冬季的舒適溫度為19～23℃，白天室外22℃、室內20℃，適合開窗通風，讓室外溫暖的空氣進入室內。夜晚室外12℃、室內20℃，適合關窗，甚至要開啟暖氣保持室內溫度。

熱環境舒適度源自人體散熱的需求

室外熱環境是環境氣候的組成，是建築外殼構造設計的依據；建築外殼構造的主要功能即在於抵抗或緩衝室外熱環境的作用，室內熱環境則是滿足人們的使用要求。熱環境是由空氣溫度、空氣濕度、熱輻射和氣流速度等四個參數綜合組成，它們共同構成影響人們熱感覺的周圍環境，也是建築外殼構造產生熱作用的基本參數。

建築物室內環境的主要使用者為人，人體在正常的新陳代謝中無時無刻都在產生熱量，為了保持體溫的恒定，人體器官的散熱作用就顯得尤其重要。人體散熱方式為輻射散熱（佔42%）、傳導及對流散熱（佔26%）、蒸發散熱（佔30%）及呼吸散熱（佔2%），散熱途徑主要為皮膚表面的散熱約88%及由肺部散熱約12%。人體可以透過上述散熱方式演變而成的多種途徑進行散熱，如呼吸、出汗、排尿、排便等。在人體散熱的多種途徑中，皮膚肩負起重要的作用。皮膚是人體最重要的一件「衣服」，它在人體表面的覆蓋面積最大，散熱與皮膚溫度有直接的關係。皮膚溫度的改變直接受交感神經的調節，當外界溫度下降時，皮膚血管收縮，血流量減少，散熱也隨之減少；相反，外界溫度上升時，則皮膚血管擴張，血流量增加，散熱也隨之增加。在多次現勘及演講活動中，我們曾刻意用紅外線測溫槍量測幾十人的上臂皮膚表面溫度，發現南部人皮膚表面溫度可高達約34度，普遍高於北部人1～2度。正常人體產熱和散熱是保持動態平衡的，這些調節過程都是在體溫調節中樞的控制下有條不紊地進行著。

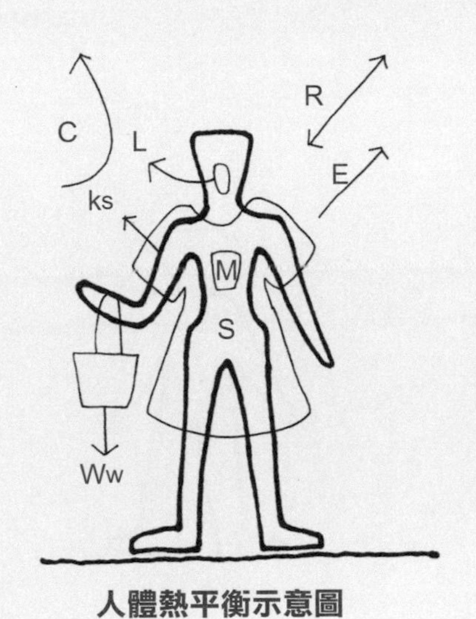

人體熱平衡示意圖

代謝量（M）
機械工作量（Ww）
傳導及對流散熱量（C）
輻射散熱量（R）
皮膚表面水分蒸發潛熱散熱量（E）
呼吸散熱量（L）
人體累積的熱量（S）
皮膚表面及著衣表面散熱量（ks＝C＋R）

人體的熱平衡式

M－Ww＝C＋R＋E＋L＋S

平衡式的左邊代表代謝量減掉機械工作量（工作、運動等釋放出體外的熱量）後產生熱量。右邊的各項則是代表隨著空氣流動所產生的熱釋放現象。一旦產熱量和散熱量不平衡時，就會產生不舒適的感覺，有了不舒適的感覺除了由皮膚或呼吸調節外，就需要改變人體周圍環境來著手。周圍環境的要素主要包括氣溫、濕度、氣流、輻射溫度等4個物理量，就是構成影響人們熱感覺的環境四參數。人體因素則包括著衣量及代謝率，著衣量就看每個人皮膚的散熱程度，差異不大，但對於特殊體質或外國人而言，常常會看到他們著衣量與常人有明顯不同。代謝率就是每單位時間的代謝量，它的單位與燈泡的耗電功率是一樣的，因為燈泡發光後就變成熱量散失在空氣中了，耗電功率等於發熱功率，人吃的食物代謝後也變成熱量消散於大氣中，如果一個人一天進食2000大卡，他的產熱跟散熱是平衡的，身體沒有累積熱量囤積脂肪的話，他的平均散熱功率＝2000KCAL／日＝2000*1000*4.186J／（24*60*60）S＝97J／S＝97W（瓦特），約等於一顆100W鎢絲燈泡的發熱功率。

人體與外界環境的熱交換

人體的散熱意謂著人體與周遭環境進行熱交換，由於空氣的導熱性非常小，在空氣中通過直接傳導散熱量極小。所以主要的熱交換形式是對流、輻射及蒸發。這幾種不同類型的熱交換方式都受人體的衣著影響。

對流：環境空氣的溫度決定了人體表面與環境的對流熱交換，溫差及空氣流速影響了對流熱交換量。氣流速度大時，人體的對流散熱量增加，因此會增加人體的冷感。

輻射：周圍物體的表面溫度決定了人體輻射散熱的強度。例如，在同樣的室內空氣參數的條件下，建築外殼牆壁內表面溫度高會增加人體的熱感，相反則會增加人體的冷感。

蒸發：是一種潛熱交換，主要是通過皮膚蒸發和呼吸散濕帶走身體的熱量，決定於空氣相對濕度的大小與空氣流速，如果相對濕度小，皮膚蒸發包含汗液蒸發和通過皮膚的擴散兩部分會加大；反之則變小，這也是為什麼夏日午後雷陣雨前，總有一段時間空氣濕度高到使人悶熱難耐，這也是台灣北部地區常覺得「濕熱時會覺得更熱，濕冷時會覺得更冷」的主要原因。空氣流速除了影響人體與環境的顯熱和潛熱交換速率以外，還影響人體皮膚的觸覺感受。

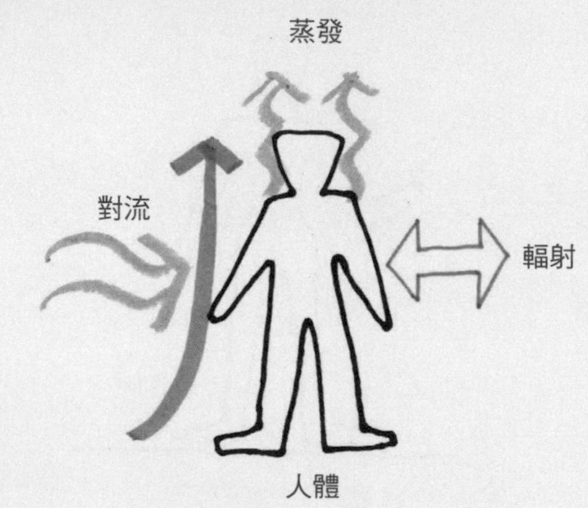

人體與外界環境的熱交換示意圖

台灣的鋼筋混凝土建築物是造成夏天熱環境不良的大問題

山頂洞人當初住到山洞裡，理應是為了驅寒避熱，要是您家夏天像暖爐、冬天像冰庫、空調成了必備品而非輔助工具，就表示這個房子的保溫隔熱不及格，得重修隔熱學分。

以台灣的環境來說，太陽輻射直接照射建築外殼形成的「熱傳透」現象很嚴重，尤其是位於頂樓的屋頂天花板、西曬牆、東曬牆。我家正好集結了其中三大問題——西曬牆、大面積的西曬窗、頂樓屋頂。每到夏天，擁有西曬窗及西曬牆的客廳就像三溫暖的烤箱一樣，如果這時候室內通風又不足，室內溫度肯定比室外還高，這是因為太陽給的熱，正源源不絕以熱流的形式傳入室內。

這些現象之所以會成為居家生活的嚴重問題，最根本的原因就是：住家空間的熱環境對生活在其中的人來說是不舒適的。台灣絕大部分的建築結構都是鋼筋混凝土，比熱大、儲熱能力強、散熱慢是混凝土的特性，近年綠建築在全球流行，許多國外的綠建築案例是特別將曬得到太陽的室內地坪用混凝土材質，以吸取儲存較多的熱量，減少暖房的需求，而台灣的建築外殼幾乎都是混凝土，夏天的白天吸熱、晚上放熱，大家再拼命開冷氣排熱，為熱島效應貢獻不少。

下午西曬時可以看到陽光直射入室內的景象。

全面透視房子熱問題

如果你有以下的感覺，代表家裡熱環境不良有待改善，檢查自己房子的溫熱環境有哪些缺點，才能對症下藥，徹底解決惱人的熱問題。

1.家裡的牆到了夏天總是溫溫熱熱的。

2.家裡的窗戶到了下午陽光就會直射，夏天時常熱到想開冷氣。

3.家裡的家具被太陽曬到變色或脫皮。

4.住在頂樓，常覺得屋子裡很悶熱，甚至感到有熱氣往下瀰漫。

5.頂樓房子以鐵皮搭蓋，到了夏天好像住在烤箱裡，冷氣怎麼吹都不會冷。

6.冬天開暖氣、夏天開冷氣，家裡的電費總是居高不下。

7.明明開了冷氣或暖氣，靠近窗戶或牆壁時還是覺得熱或冷。

8.冬天在客廳看電視或在臥室時，要穿著厚外套或披著棉被。

9.冬天睡覺時手和頭不敢伸出棉被，早上起床前還得先在棉被裡換衣服。

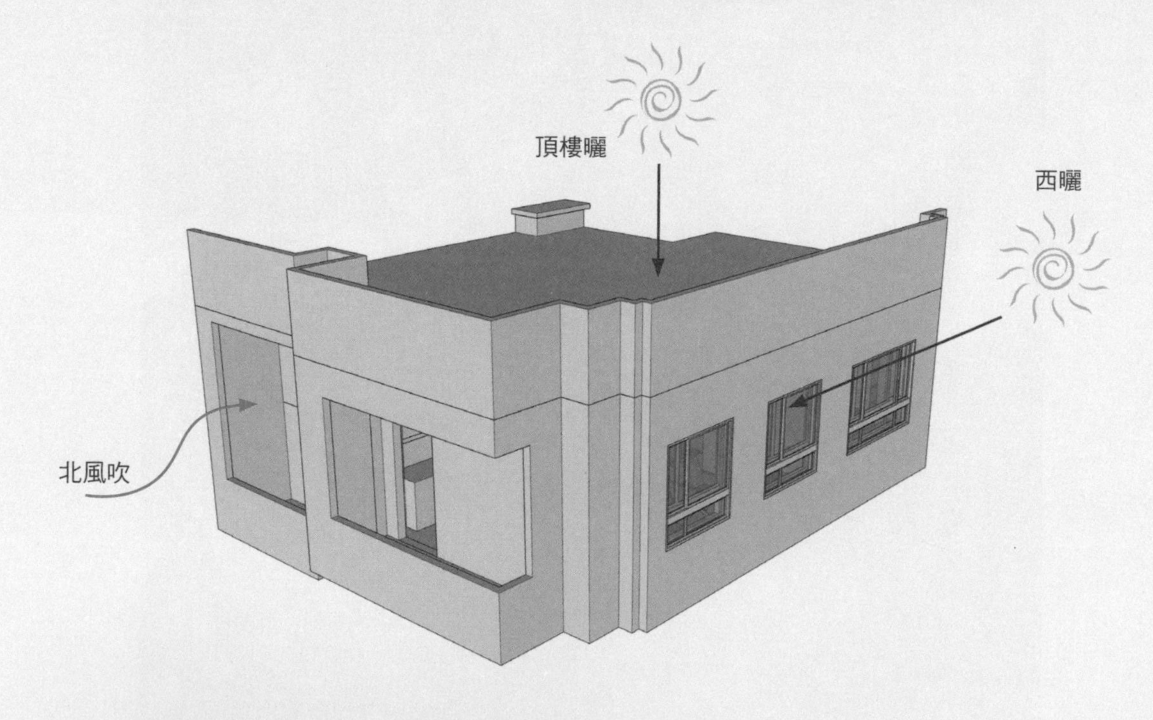

・我家的問題分析

1. 主要開窗面朝西，西曬嚴重。
2. 位於頂樓，頂樓日曬嚴重。
3. 陽台面北，冬天迎北風非常冷。

・改善手法：加強建築外殼隔熱與保溫

1. 西面牆施作雙層窗＋雙層牆。
2. 屋頂多重隔熱：橡膠隔熱磚＋架高木棧板＋屋頂花園。
3. 北面陽台女兒牆裝上窗戶，打造空氣緩衝層保溫。

檢查房子所在地的氣候條件

房子所處地點的大氣候環境，一定會影響室內的溫熱環境。我們有一個綠建築專家朋友，住在台北人文薈萃的文山區，經常標榜文山區是全台北市平均溫度最低的區域，讓他每年夏天至少可以少開一個月的空調。我當初搬到台中除了因為海韻娘家在這，更是看上台中終年氣候溫和、濕度適中的優異條件。

在台中，這樣的好天氣十分常見（攝於2014年2月，我們的女兒寧寧1歲3個月大）

檢查太陽動線，曬不曬有關係

除了所在地區的環境與平均溫濕度外，關於太陽日照的方位，西曬問題是一般人最頭痛的。

在台灣地區，由於夏季時太陽直射北迴歸線，日射強度全球最高，西曬的外牆會吸收到最強的熱輻射，讓室內的人感覺炙熱難耐。只要在每天下午約2點以後摸摸西曬牆的室內側，就會發現溫度明顯較高，而且愈接近傍晚時分，溫度還會愈高。到了晚上，這面西曬牆開始向牆壁的兩側散熱，一側是室外，另一側是室內，室內側的熱量會讓室內溫度升高，也會造成冷氣機的熱負荷大幅度增加。

不是只有西面牆會曬到太陽，位於北回歸線以南的南台灣，夏天還有北曬呢！只是台灣夏季南面及北面的外牆照射到太陽的時間極少，而東面牆雖然有照射到太陽，但下午就曬不到了，當人們下班回到家裡時，東曬牆的熱量已經消散了大部分，所以西曬牆造成的熱問題比其他三面更為嚴重。

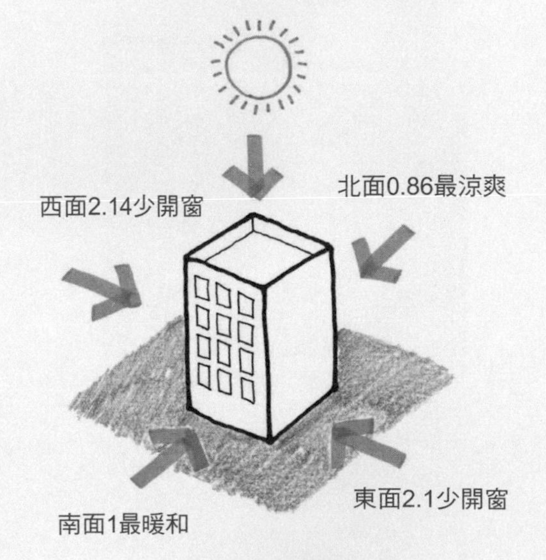

台灣地區建築物
夏季各面平均日射量比例
參考資料：台電電力圖書館網頁

檢查外牆，西曬牆熱力無法擋

隨著工業及都市化的發展，人們為了在有限的土地容納更多人，將建築物愈蓋愈高，而鋼筋混凝土因為強度高、施工快又便宜，因此成為寵兒。混凝土的特性是能儲存很多的熱，所以牆壁愈厚，吸收儲存的熱量就愈多。其中以西曬牆的問題最為嚴重，經過整個下午的曝曬，牆壁吸飽了太陽給的熱量，到了夜晚即使戶外已變得涼爽，但牆壁才正慢慢釋放白天所吸的熱至室內，有時甚至連開冷氣也降不了溫，因為牆壁發出的熱量比冷氣機所能冷卻的熱量大得多，除了造成冷氣的耗電，也會讓隔熱不良的室內空間熱舒適度大幅降低，讓人們心情煩悶、工作效率低落。因此檢查自己的房子哪一面牆受到日曬最為嚴重，相當重要。

1 下午西曬時可以看到陽光直射入室內的景象。
2 我家面向正西方的三扇窗，上午可以拉開窗簾自然採光，但是下午就發現太陽直射的熱力讓人受不了。

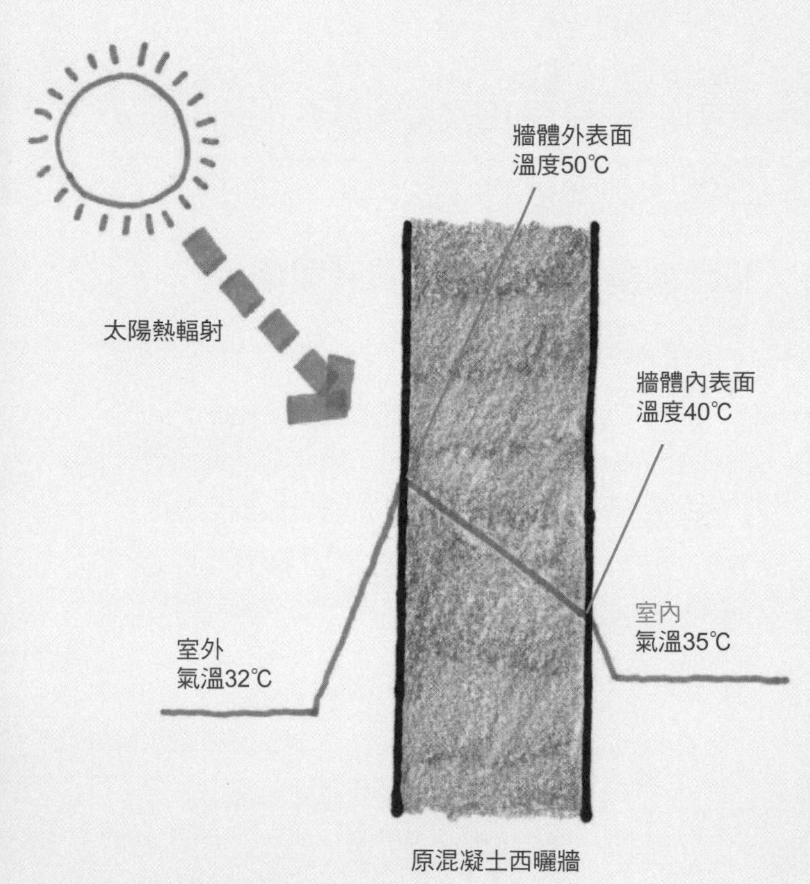

原混凝土西曬牆

檢查窗戶，西曬窗VS.外推陽台

開窗多雖然有通風好、採光佳的優點，但也比混凝土牆更無法抵擋戶外多變的氣溫及太陽直射，如果玻璃面沒有做好隔熱或外遮陽，便會讓太陽輻射熱直接進入室內，形成空調負荷。

一般遮陽分為內遮陽及外遮陽，如何判別就要看這道遮陽設施是做在房子內側還是外側，例如屋簷是外遮陽，而窗簾或百葉窗因為裝在室內側所以屬於內遮陽，外遮陽能夠有效阻擋太陽輻射熱，內遮陽最多只能擋住太陽的光，而大家最想要阻擋的太陽的熱則早已透過玻璃進入室內。

我常常在白天看到許多大樓的大窗面總是拉上窗簾，內部再開燈，既熱又浪費電，反而失去了建築設計師當初的美意，不過這也是因為設計考量不足造成的啊！窗戶的氣密性則是另一個要觀察的重點，不夠緊閉、沒有氣密功能的窗戶會造成冷、暖氣外洩，冷、暖房的效果便會大打折扣。

再以我們家為例，雖然沒有外推陽台，但西面開窗成了西曬窗，夏天酷熱的問題就跟外推陽台是一樣的。

在買下這棟房子之前，我已有心理準備面對最恐怖的西曬問題，在改造房子的過程中，也分好幾個階段去處理這個西曬的問題，雖然我一開始就設定雙層窗是我的改善手法，但由於很多改造都是自己動手做，進度比較慢，所以我先用一般的布窗簾抵擋西曬的烈陽，效果果然很差；接著又把鋁箔紙貼在窗面，將強烈的輻射熱反射掉，這是最便宜簡易的手法，但因不美觀又看不到外面的風景，而且阻擋熱的效果還是不好，只能是臨時的設施。

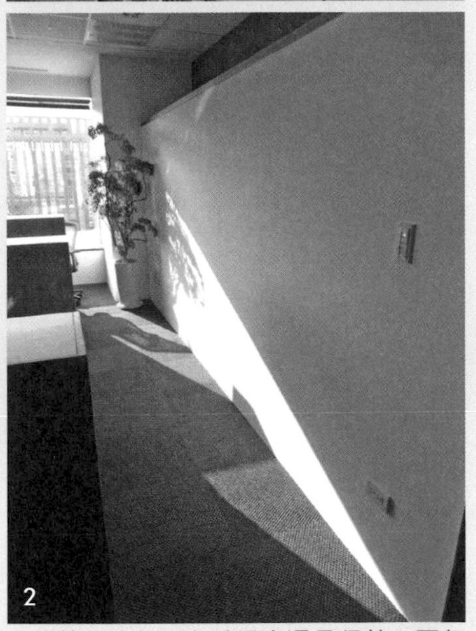

1 即使有陽台，也看得出還是很熱，更何況將陽台外推成室內空間。
2 沒有遮陽的窗面，可看得出太陽的威力。

雙層窗（外遮陽）還是西曬窗的永久解決之道，雖然改造的經費多了一點，但是我相信可以在空調電費裡回收，況且舒適度的大幅提升無法用金錢衡量，改造完後使用至今，我必須說遮陽隔熱的效果真的很好。

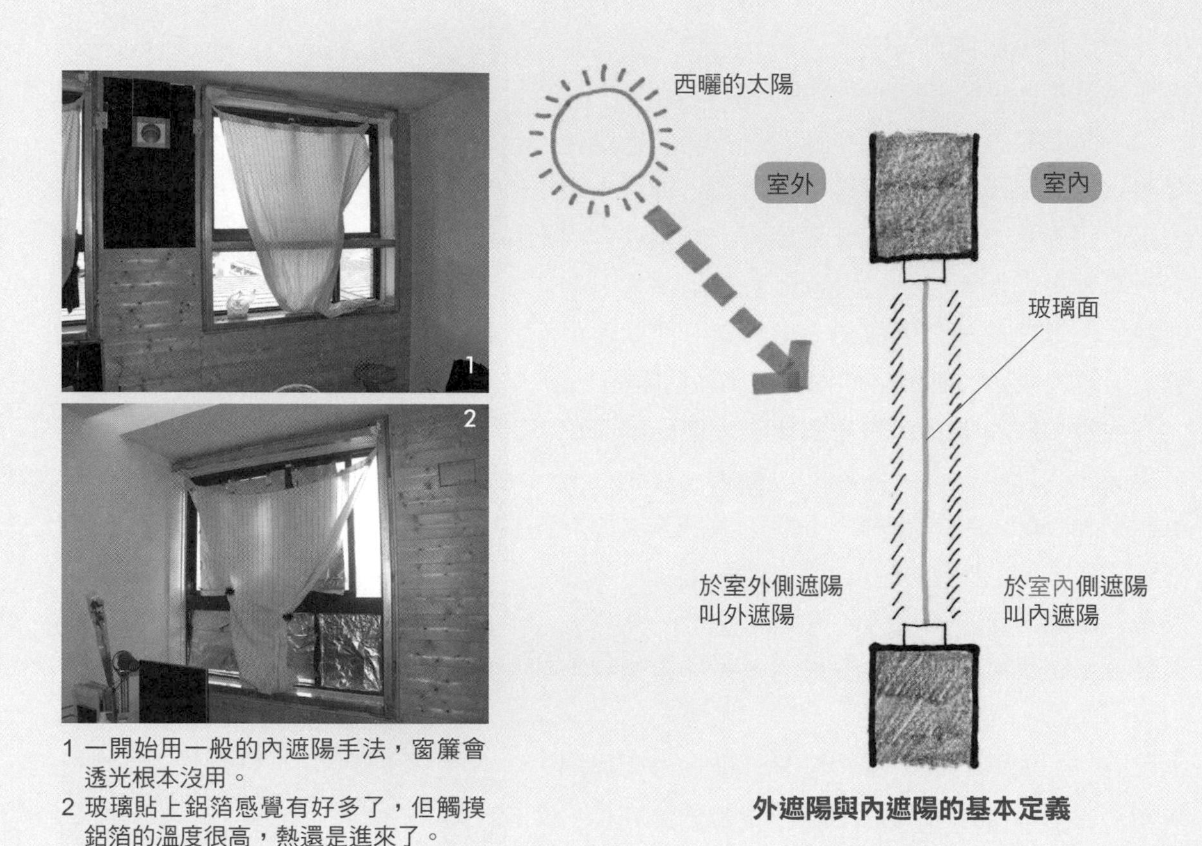

1 一開始用一般的內遮陽手法，窗簾會透光根本沒用。
2 玻璃貼上鋁箔感覺有好多了，但觸摸鋁箔的溫度很高，熱還是進來了。

外遮陽與內遮陽的基本定義

檢查屋頂，發燙的樓頂＝超強蓄熱機

接下來，如果你家或預定看的房子位於頂樓，那麼檢查屋頂是否有隔熱設施是絕對必要的。因為比起西曬牆，房子頂樓的熱問題更為嚴重，當太陽在夏天正午照射屋頂時，熱輻射可高達每平方公尺1000W，如果將太陽比擬成燈泡的話，相當於1平方公尺的面積上有10顆100W的鎢絲燈泡同時照射，可見有多熱！以前我在學校的研究單位做過相關的實地量測，夏天屋頂的上表面溫度高達59℃、下表面（也就是室內天花板）的溫度也有49℃，這又讓我想起有一回到某間學校勘查，發現學校的電扇葉片竟然熱到彎曲！

由於我家位於頂樓又是夾層的關係，上層的主臥室天花板就是屋頂樓板，只要是好天氣，一走上主臥室就會感覺一陣熱氣籠罩。臥室高度不到兩百公分，用手就可以碰到混凝土的天花板，中午時摸起來就和45℃洗澡熱水差不多，而且愈接近夏天情況愈嚴重，有時竟然會燙人。到了晚上更慘，我和海韻在臥室裡放了一個室內外溫度計，在3、4月的晚上室外溫度大概只有22℃左右，但室內竟高達32℃。夏天人體舒適的溫度，大約在26℃到30℃，高達32℃的氣溫根本讓人無法入睡。

我們在4月初趕緊買了一台分離式變頻冷暖氣機，裝冷氣的時候，特別在冷氣電源旁裝了一個電表，以便瞭解冷氣耗電的情況。我們發現，冷氣一個晚上開啟約8個小時，竟然要耗掉將近5度電（kWH），也就是說如果每度電3元，一個月就要450元的電費，我們的臥室空間不到3坪，又是裝噸數最小的冷氣，這樣的耗電量實在驚人。

屋頂的隔熱效果不好，相對來說保溫效果也不好。其實保溫及隔熱的原理是一樣的，就是國外所說的隔絕（insulation），夏天需要隔熱，冬天同樣需要保溫，在沒有隔熱保溫層的狀態下，夏天時屋頂受太陽曝曬吸收大量的熱，而冬天在冷風強力吹拂下，樓板冷卻快，便會帶走室內的熱以平衡被冷風帶走的熱，因而使室內溫度降得更低，所以屋頂的隔熱性能就和外牆一樣重要，不能忽視。

1 被熱彎的吊扇葉片。
2 未隔熱的屋頂直接受太陽照射，曝曬一整天。

圖解 屋頂樓板炙熱成因與隔熱原理

室外空氣的熱與室內空氣的熱雖然中間隔著建築物的外殼，但是溫度較高者還是會經由熱傳透的效應將熱量傳往低溫處。建築物外殼的熱傳透率愈高，就表示隔熱效果愈差，不但夏季室外的灼熱會很容易穿透進室內，冬季也會很容易讓室內的溫暖流散出去。

缺乏隔熱的屋頂又是深色，夏天大量吸熱，室內想必超級熱又耗能。

夏天白天

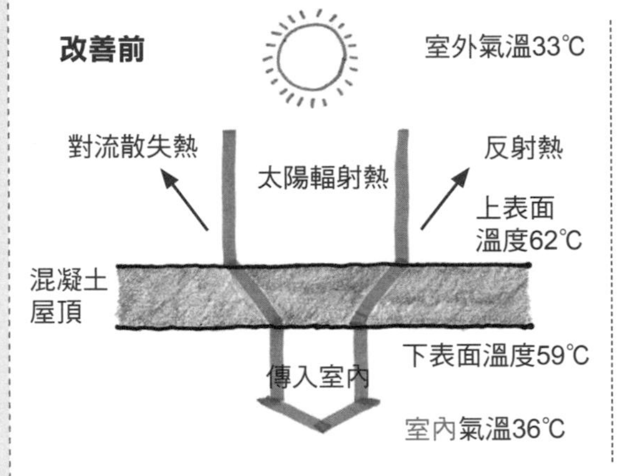

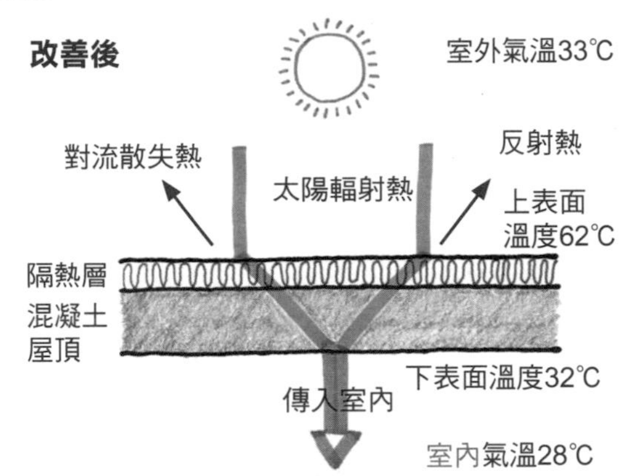

夏天晚上

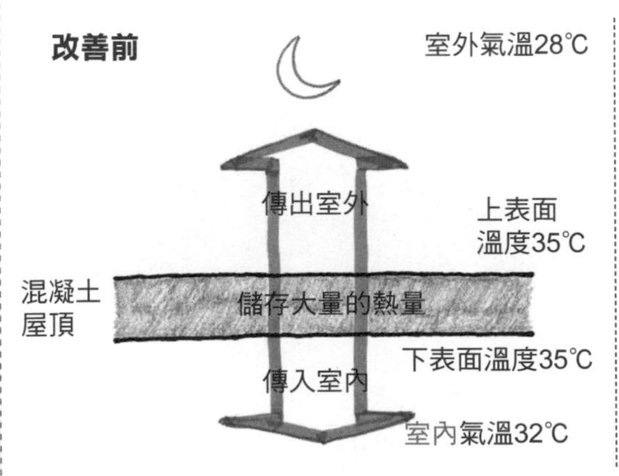

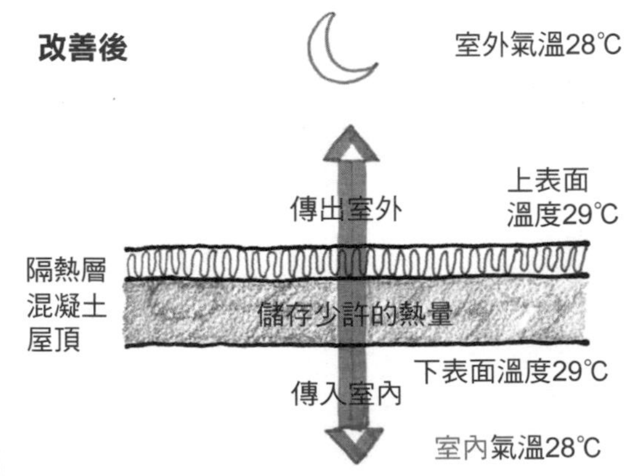

因此，簡單地說，要做好屋頂隔熱，就是要降低屋頂的熱傳透率。以下用台灣最常見的混凝土房子為例，說明台灣的氣候與混凝土房子的特性互相影響，在不同季節，白天或晚上，不同的熱量傳送趨勢下，屋頂隔熱對於室內溫度維護，所創造的優良效果。

冬天白天

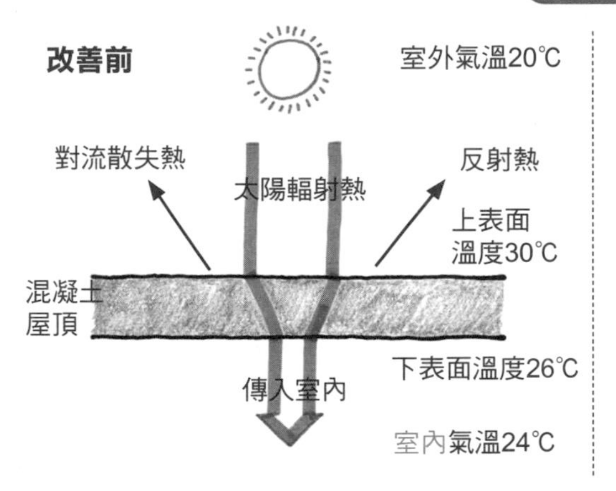

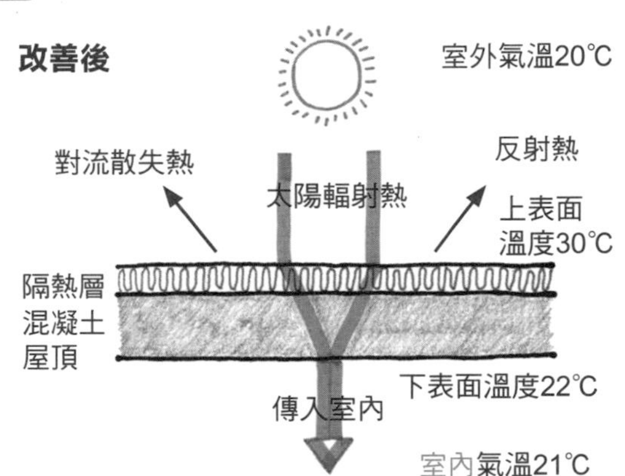

冬天晚上

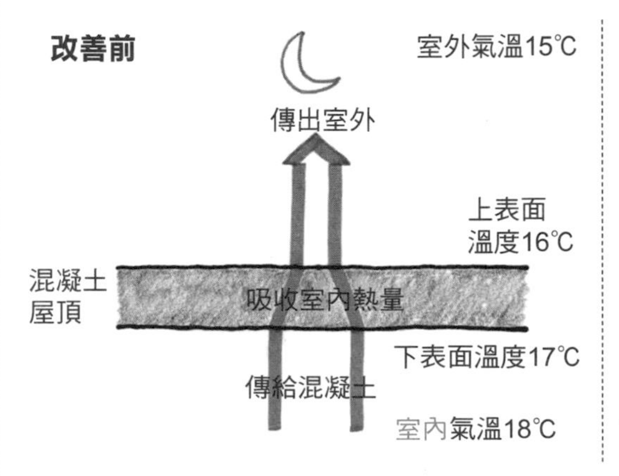

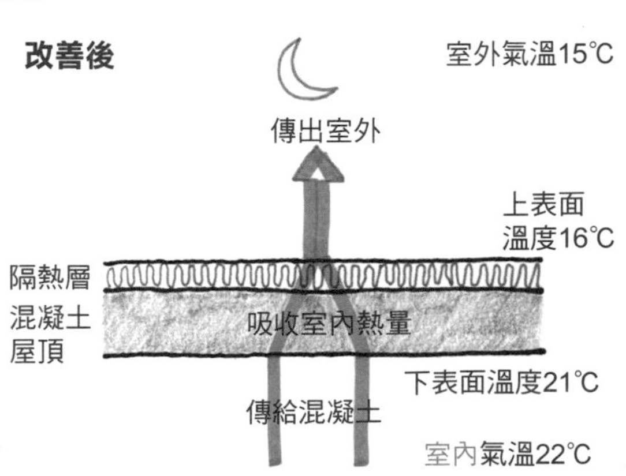

改善手法1 陽台打造空氣緩衝層也創造休閒新空間

保留陽台，或將陽台佈置成小庭院，不但提供一個可以怡情養性的空間，更能達到遮陽、防止室內溫度升高、淨化室外進來的空氣等效果。

當樓高較高、出簷又不夠深時，需要再做外遮陽補強。

歐美許多獨棟的別墅，常用透明長廊連接所有的空間，而這些長廊會圍繞著庭院或泳池，當家人朋友在室外嬉戲或開party時，長廊便成為半戶外的休憩空間，當天氣太冷或太熱時，將這些長廊的窗戶關起來，就成為很好的保溫或隔熱層，甚至連隔音效果也很好，這就是雙層外殼的概念。

在台灣比較常見的是在屋外有一條長廊，尤其是學校，這同樣有遮陽的作用，不過由於公共建築的樓高較高，走廊如果不夠寬，遮陽的效果便會不理想，還得加些外遮陽的設施來改善，但由於走廊是半戶外空間，女兒牆上沒有窗戶，所以無法有隔熱或保溫的功能。

再以我家為例，我們有兩個陽台，一個在廚房旁邊，也就是一般的工作陽台，可以洗衣、晾衣，另一個則在次臥室旁。由於我們家的浴室只有淋浴間，所以便將次臥室旁的陽台規畫成可泡澡的SPA陽台，一家三口一起泡澡十分開心。由於兩個陽台都有加入通風的機制，所以都裝上窗戶，平時開窗，但冬天很冷或外頭很吵時便將窗戶關起來，內側的門或落地窗也關起來，此時便成為雙層構造，既隔音又保溫，尤其冬天寒流來時屋子裡也很溫暖。

有了這個SPA陽台，想泡澡時就不必往外跑，躺在檜木桶裡聞著檜木香，放點輕音樂、點上精油蠟燭、調好百葉簾的角度，既看得到星星，也不擔心會被鄰居看到！

打造SPA陽台工程

STEP1由於陽台有4公尺高，上半部為主臥室的範圍，將室外機的吸氣側和排熱側用塑膠布區隔，讓熱不會排至陽台內，並且幫助陽台通風。

STEP2為了讓在陽台洗澡的人有安全感，不用擔心被主臥的人看到，我用松木做了個活動的天花板。

STEP3配上之前社區各戶地磚的剩料，天花板便完成。

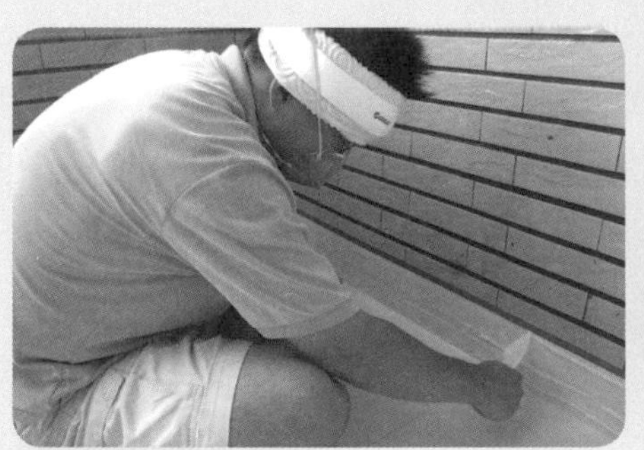

STEP4雖然陽台已有防水，為以防萬一我們請人來再做一道防水，但因施工不良自己又再多做一道。

STEP5請水電師傅來配管，熱水管用有保溫披覆的管材。

STEP6請木工師傅來做木地板，由於想做可移動的地板，以方便清洗原本的陽台地板，所以耗費的工時比較長。

STEP7為遮擋新裝設的水管及方便架設淋浴設備，加做了一道木板牆。

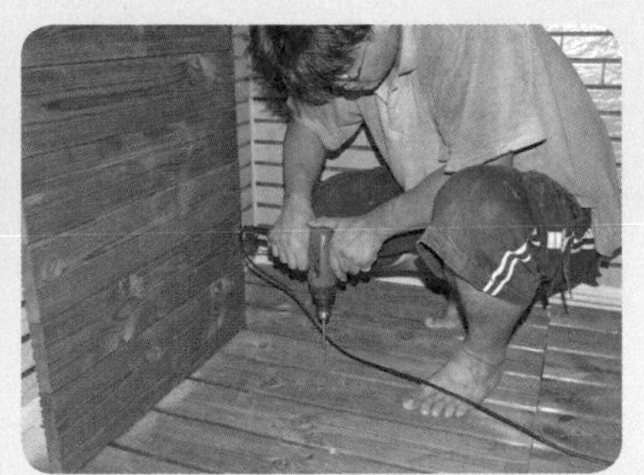

STEP8SPA陽台用的木材都是炭化木，經物理性高溫炭化後，防腐、不怕蟲蛀。由於洗澡淋浴容易潮濕，請師傅用不鏽鋼螺絲鎖木板，避免生鏽。

STEP9改造完成分享

1 淋浴區。

2 右邊兩個龍頭分別是正常冷水及熱水，左邊兩個分別為泡澡水回收水管及太陽能熱水預留水龍頭。

3 洗完澡後，把馬達放進泡澡水中、再將馬達輸水管接上回收水管，啟動後便能將洗澡水抽上頂樓儲水桶澆灌植物。

4 洗澡水抽上屋頂後，便從水龍頭流進儲水桶。

改造資訊

1. 材料：鋁框、松木板、地磚、防水材、塑膠角材、炭化木、不鏽鋼水管（以有保溫披覆為佳）、檜木桶、淋浴龍頭、冷熱水龍頭、百葉窗簾、防水燈具、浴簾、不鏽鋼螺絲
2. 工具：電鋸、電鑽、量尺
3. 成本預估：64,000元
4. 省下工資：9,000元（約3天的工作量）
5. 和師傅溝通建議：
   （1）加強防水的材料要抗紫外線，否則一下就剝落了。
   （2）炭化木地板在排水口處要做維修口，清潔毛髮等雜物時掀開維修口即可。
   （3）資金夠的話，冷熱水管都披覆保溫材最佳。

序號	項目	數量	單價（元）	金額（元）
1	鋁框（含工資）	10m	500	5,000
2	松木板	1塊	900	900
3	防水（含工資）	$18m^2$	250	4,500
4	防水加強	$3m^2$	250	750
5	炭化木地板及壁板（含工資）	$4.7m^2$	3,400	15,980
6	外接冷熱水管（含工資）	1式	13,000	13,000
7	檜木桶	1座	16,000	16,000
8	冷熱水龍頭	3支	340	1,020
9	淋浴龍頭	1組	2,350	2,350
10	百葉窗簾	$3.2m^2$	1,000	3,200
11	其他（防水燈具、浴簾、不鏽鋼螺絲）			1,300

改善手法2 西面牆施作雙層牆可以隔熱保溫

解決西曬牆問題的方法非常直接、也很簡單，就是讓牆壁可以隔絕熱源，而且由外牆面來做的效果最好，也就是外隔熱。遮陽和隔熱的定義有些不同，所謂遮陽是阻擋太陽直接照射，隔熱則是阻擋太陽照射後的熱傳入，兩種方法都有效，也可以同時運用。

雖然外隔熱的優點比較多（外牆不會被曬熱，晚上就不會放熱，可以改善熱島效應），但適合一開始就做或者整棟房子拉皮或重做防水時一併做好。我買的是大樓成屋，外牆因公寓大廈管理條例規定而無法改變，更何況在高樓的頂樓，施工的困難度很高，所以我採用內隔熱，把隔熱層做在西曬牆的內側。

我以松木為壁材，如此一來就形成了雙層牆，松木壁材與原本混凝土牆之間有大約1吋的空隙，再把岩棉、玻璃球、泡沫玻璃等防火又隔熱的材料置入，連同松木壁板1.5公分的厚度，形成厚約4公分的隔熱層。當我把隔熱的雙層牆做好之後，發現夏天下午時牆壁不再燙人，室內的溫度也明顯下降，大幅改善了熱舒適度，開冷氣的時間減少，耗電量也降低許多。

由於隔熱材的性能好壞，在於材質裡的孔隙愈多愈好，所以只要符合這樣的條件，就能發揮良好的隔熱效果，例如PS板、岩棉、玻璃球、泡沫玻璃都有這種特性；在國外，還有人用回收的棉花、衣服、碎報紙當隔熱材哩！

若要用最快又簡易的手法來做內隔熱，可以將有門的書櫃或衣櫃移到需要隔熱的牆面，書本或衣服吸收了熱，而且熱空氣被關在櫃子裡，不但減少熱進入室內，也有防止書本或衣服發霉的功效。

隔熱材降溫示意圖

由於混凝土有蓄熱的特性，當夏季室外溫度32℃時，被曬熱的外牆表面可高達50℃，傳入室內後表面溫度仍有40℃，這時若有一層隔熱層阻擋溫度繼續傳給室內的空氣，便可使室內溫度維持在30℃以下。

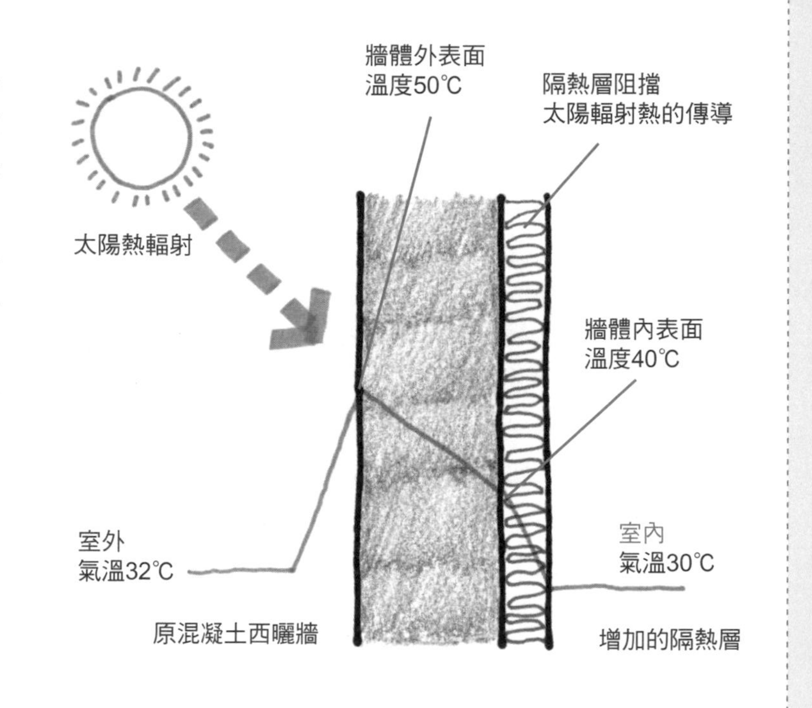

打造雙層牆工程

STEP1釘上雙層牆之骨料。

STEP2隔熱材1（岩棉）最便宜，但因施工過程會有許多纖維，易造成皮膚癢或呼吸道不適，需注意。

STEP3隔熱材2（泡沫玻璃），價格高且施工過程會有許多黑色粉末，需用黏劑先將其固定在牆上。

STEP4釘上松木壁板。

STEP5隔熱材3（玻璃球），價格與泡沫玻璃接近，但施工過程很乾淨。只要先將壁板釘好，再倒入玻璃球即可。

STEP6改造完成分享。

1 玻璃球的價格與泡沫玻璃相當，由於是顆粒狀，所以將壁板固定好後，再將玻璃球倒入即可，是比較方便乾淨的材料。
2 泡沫玻璃的價格較高，但需要先用黏著劑固定在牆面；也很容易碎裂，施工過程中會產生許多黑色的粉末。
3 岩棉最便宜，但纖維很細，施工時如果不做好防護，很容易引起皮膚搔癢或噴嚏不斷的情形。所以我除了自己全副武裝外，也為岩棉包了一層不織布。

改造資訊

1. 材料：角材、松木壁板、隔熱材（岩棉&不織布、玻璃球、泡沫玻璃＆黏著劑）、不鏽鋼釘及銅釘
2. 工具：電鋸、鐵鎚、量尺
3. 成本預估：18,000元（約10.5m^2、不含工資）

序號	項目	數量	單價（元）	金額（元）
1	玻璃球	1.5m^2	500	750
2	泡沫玻璃	7m^2	950	6,650
3	岩棉	2m^2	65	130
4	角材	30支	50	1,500
5	松木壁板	10.5m^2	600	6,300
6	其他（不織布、黏著劑、不鏽鋼釘及銅釘）			2,670

4. 省下工資：12,000元（約4天的工作量）
5. 多久回收：投資18,000元，每個月約可省下1,000元，台中一年的冷房季節約有6個月，故三年可回收。
6. 和師傅溝通建議：
   （1）固定泡沫玻璃的黏著劑要選用低甲醛或無毒性的。
   （2）放岩棉時要做好防護、避免纖維四處飄散。

牆體隔熱性能Ui值計算

隔熱材的效能優劣與否可藉由熱傳透率Ui之計算得知，相關的計算方式可參考《建築物外遮陽暨屋頂隔熱設計參考手冊》，Ui的數值越低表示隔熱性能越好，屋頂和牆面的隔熱性能都可以計算。

隔熱前Ui值＝3.5W／m²K

牆壁平均熱傳透率評估計算表							
	構造材料	厚度d（m）	k值（W／mK）	熱阻係數1／k（mK／W）	熱阻r＝d／k（m²K／W）	R＝Σr總熱阻（m²K／W）	熱傳透率Ui＝1／R（W／m²K）
鋼筋混凝土牆	外氣膜	---	23	0.04	0.043	0.29	3.50
	磁磚	0.010	1.30	0.77	0.008		
	水泥砂漿	0.015	1.50	0.67	0.010		
	鋼筋混凝土	0.150	1.40	0.71	0.107		
	水泥砂漿	0.010	1.50	0.67	0.007		
	內氣膜	---	9.00	0.11	0.11		

隔熱後Ui值＝0.78W／m²K（Ui值越小隔熱能力越好）

牆壁平均熱傳透率評估計算表							
	構造材料	厚度d（m）	k值（W／mK）	熱阻係數1／k（mK／W）	熱阻r＝d／k（m²K／W）	R＝Σr總熱阻（m²K／W）	熱傳透率Ui＝1／R（W／m²K）
鋼筋混凝土牆	外氣膜	---	23.000	0.04	0.043	1.29	0.78
	磁磚	0.010	1.300	0.77	0.008		
	水泥砂漿	0.015	1.500	0.67	0.010		
	鋼筋混凝土	0.150	1.400	0.71	0.107		
	水泥砂漿	0.010	1.500	0.67	0.007		
	隔熱材	0.025	0.028	35.46	0.887		
	松木壁板	0.015	0.130	7.69	0.115		
	內氣膜	---	9.000	0.11	0.11		

改善手法3 西面窗施作雙層窗，散熱、隔熱、保溫、通風、隔音

西曬窗與西曬牆的問題一致，皆導因於太陽直射，而且太陽的熱以輻射形式透過窗面玻璃進入室內，玻璃不像混凝土牆面有熱傳時間延遲的效應，因此不僅室內溫度快速提高，也大大增加了冷氣的熱負荷，所以在綠建築的規範中會要求牆面的開窗率不能過大，不過喜歡開大面窗是人的天性，所以如何能享有大面窗的視野又不會因此付出高昂電費便很重要。

一般人遇到西曬或東曬的問題，總習慣拉上窗簾，雖能遮掉一部分的輻射熱卻也遮掉了光線，這樣的內遮陽手法效果並不好，除非窗簾夠厚或者有反射功能，而且最好垂至地面或窗檯、上面還有窗簾盒包覆，這樣才能較有效地阻擋熱輻射進入屋內，也不會造成夏天熱空氣環流加熱室內，或是冬天冷空氣環流冷卻室內，但此時室內必定會變得很暗，所以又得開燈形成另一種耗電。

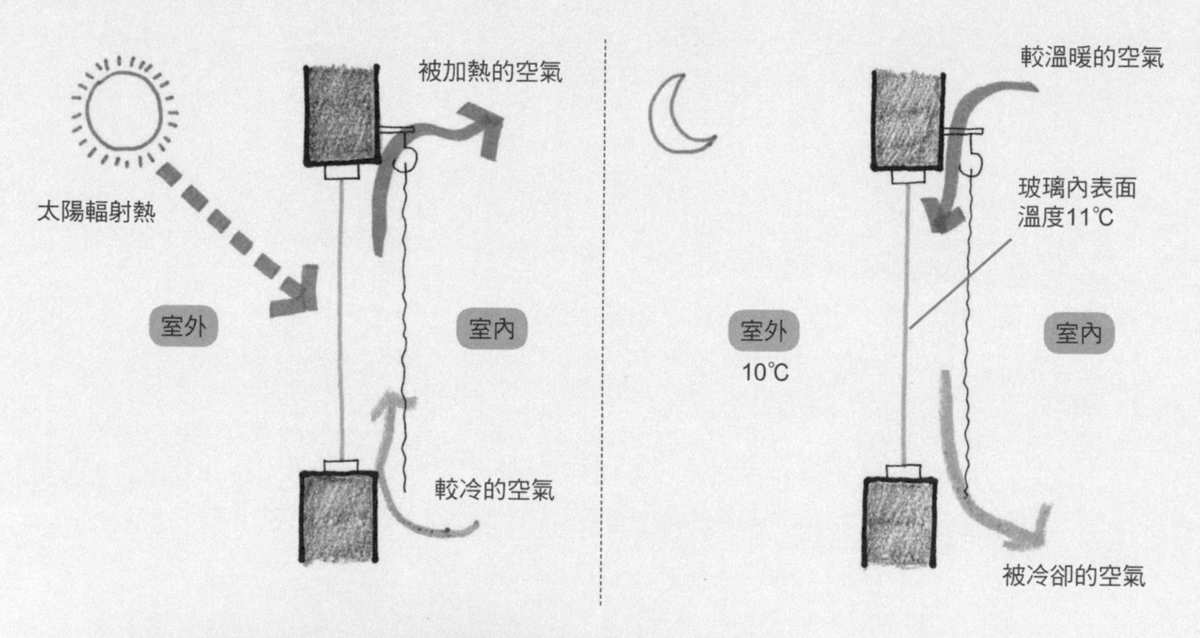

窗簾熱空氣冷空氣環流示意圖

至於該如何根本解決西曬窗的問題呢？其實跟西曬牆的物理原理一樣，必須想辦法阻絕太陽的短波熱輻射穿透窗面玻璃後形成長波熱輻射造成溫室效應。

外遮陽→阻擋熱輻射在室外，效果佳

在綠建築的手法中，台灣學者專家最常採用的就是外遮陽，這是依照太陽照射建築物各坐向窗面的角度，以各種形式的不透光材質在窗面玻璃的室外側阻擋太陽熱輻射。

一般來說，東西向適合垂直式的外遮陽、南向適合水平式的外遮陽，然而最好的外遮陽則應該是活動式的，可以針對不同需求而變化，如果在遮陽的同時也能將遮雨、通風、隔音、採光都考量進去，我想就十分完美了。

外遮陽

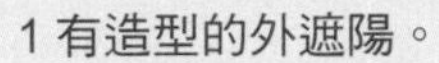

1 有造型的外遮陽。
2 垂直百葉型外遮陽。
3 深出簷的外遮陽。
4 電動百葉，可全部收起及放下，百葉角度亦可調整。
5 活動式的外遮陽，一般常見於店鋪。

外遮陽兼風力發電

在日本某個立體停車場，我們還看到另一種遮陽手法，結合了風力發電及美化都市的功能，當彩色的直軸式風車隨風轉動時，除了帶來美麗繽紛的視覺感受外，也帶來了電力，可說是一舉數得。

竹簾、百葉簾

將竹簾或百葉窗簾裝在窗戶外側，就是最簡易又便宜的外遮陽。有位建築師，他在西曬陽台的落地窗外側裝上百葉木簾，不但遮陽效果好又可控制進入室內的光線，下雨天或沒有日曬時將其拉上即可，十分好用且美觀。

1 竹碳捲簾外遮陽。
2 木百葉簾外遮陽。
3 活動百葉窗。

百葉窗

台灣東部最常見到的防颱百葉窗，除了可以防颱，也有遮陽及防盜的功能，如果不希望百葉窗總是遮擋視線，可以採用活動式的，台東女中就是一例，下半部可以支架撐起，既不遮擋視野又是另一種有如屋簷般的外遮陽。

太陽能光電外遮陽

1 台北太陽能光電外遮陽。
2 日本 KYOCERA 窗戶玻璃裝上光電版，既有遮陽效果，還可以發電。

雙層窗冬暖夏涼

窗戶外遮陽的方法跟外牆一樣，在一般不得變動外觀的大樓社區很難實現，就算可以變動，也會發現要把能夠抵抗颱風的外遮陽構造架設在高樓層窗外，不論造價與施工費用都很昂貴，所以還是得從室內側下手。

以我家為例，我們在窗面的室內側再加一扇窗戶，兩層窗戶之間裝上最普通的鋁百葉窗簾，當太陽照射窗面時，把內側的窗關閉、外側的窗開啟，鋁百葉窗簾放下，讓百葉的角度朝外將西曬的陽光阻擋掉，百葉周圍被曬熱的空氣從外層窗散去，就不會進入室內形成冷氣的熱負荷。

雙層窗除了夏天好用，冬天也可以發揮功能。當冬天下午的陽光很強，但氣溫不夠高時，可以將外側的窗關閉、內側的窗開啟，並將鋁百葉窗簾放下，這時太陽的熱便會傳到室內，成為天然的暖氣。雙層窗的中間可以裝上各種樣式的窗簾，但以淺色的百葉窗簾效果最好，因為淺色可以反射較多太陽光，而百葉可以調角度，方便控制進入室內的光線，再加上百葉間的空隙不會阻擋空氣流通，散熱的效果也會比較好。

此外，西曬時若沒放下窗簾，陽光直接穿透玻璃，灑在桌面及地面，眩目的陽光讓人無法工作；但若放下百窗簾，並調整角度使光線反射到天花板，如此一來陽光不會直射室內、影響作息，而且從天花板灑下的間接光也柔和許多，室內並不會因為放下窗簾而需開燈。

最近很多建商引進歐美地區的窗戶隔熱設計概念，以雙層玻璃或三層玻璃取代原本的傳統單層玻璃，甚至加入許多高科技，如奈米金屬塗料、鍍膜玻璃、Low-E玻璃等，但玻璃如果有加金屬成分或貼膜，目前是無法回收再利用的，而且這些塗膜的玻璃因為反射太陽熱輻射，熱能大量短暫聚集在玻璃表面，溫度可高達50度，此時所造成的輻射熱感會讓我們將冷氣溫度設定更低而更耗能。如果真要用高科技，我覺得希臘雅典一個案例的作法更好，屋主在窗戶裝設自動外遮陽系統，屋頂上有日光感應器，自動控制百葉窗升起、降下，並隨太陽移動而自動調整百葉角度，使室內不會太暗。

強烈的西曬陽光長驅直入，拉上百葉扇並轉動角度，讓陽光打在天花板上，光線不再刺眼，室內的光線仍然足夠。

以上這些外遮陽手法的隔熱或遮陽效果都很好，只不過價格對一般民眾來說可能吃不消，所以我覺得應該依照每個人的生活水平或收入，選擇不同的方法解決窗戶的缺陷，因為畢竟所有的方法都脫離不了基本的物理隔熱原理。

圖解 雙層窗遮陽隔熱原理

以窗面為界線，遮陽做在室外側稱為外遮陽、做在室內側稱為內遮陽，外遮陽適合用在夏天、內遮陽則適合用在冬天，因此我做了雙層窗，讓百葉簾在夏天能當外遮陽、冬天能當內遮陽，此外，當陽光太強時可轉動百葉簾的角度，讓光線打到天花板上，既遮陽，室內又有光線。雨天時，還可以外窗開左窗，內窗開右窗，如此一來，通風時就不用擔心雨水直接潑入室內了。

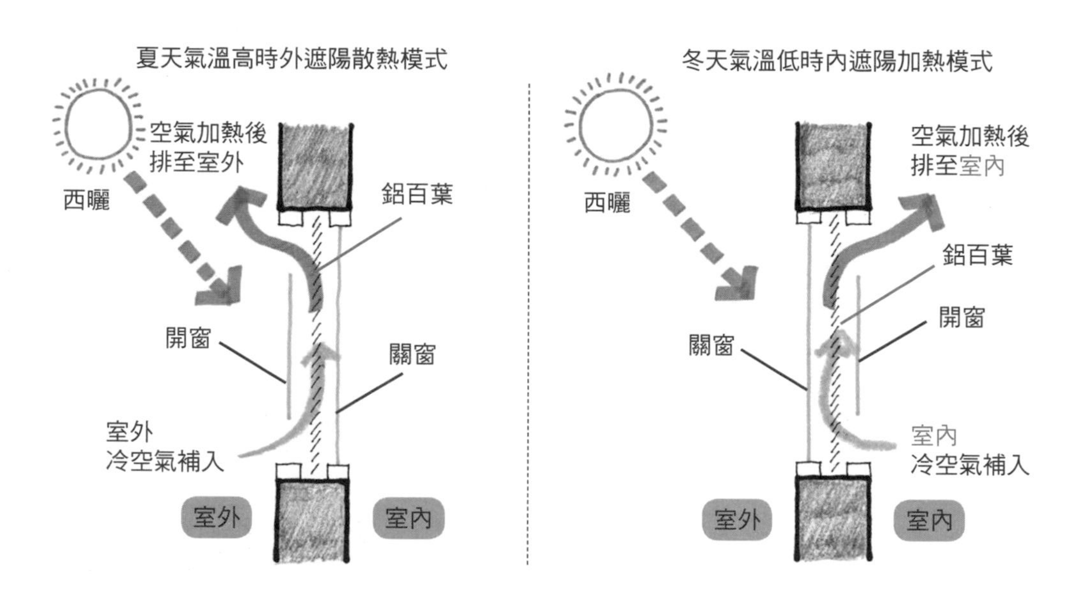

雙層窗運作原理示意圖

夏天散熱模式：開外窗關內窗，鋁百葉放下當外遮陽。

夏天隔熱模式：關外窗關內窗，形成封閉不流動空氣層，隔熱效果佳。（當太陽沒直射，外面又很熱或有在開冷氣時）

冬天加熱模式：關外窗開內窗，鋁百葉放下當內遮陽，也可不放下，讓陽光直接加熱地板或家具。

冬天保溫模式：關外窗關內窗，形成封閉不流動空氣層，保溫效果佳。（當太陽沒直射，外面又很冷或有在開暖氣時）

打造雙層窗工程

STEP1裝上C型鋼當窗框，後來覺得用木框即可，且較不易傳熱。

STEP2窗框支撐架，怕整樘窗重量太重而加設，亦可設計成置物架。

STEP3請師傅裝鋁窗。

STEP4鋁框周邊填矽力康。

STEP5兩層窗之間的窗簾，以百葉簾的效果最佳，記得要事先留好10公分以上供百葉窗簾裝設。

STEP6改造完成分享
完成後冬天打開內層窗，讓雙層窗中間的熱空氣進到室內來，夏天則相反，冬暖夏涼超好用。

改造資訊

1. 材料：C型鋼、支撐窗框用松木板、角鐵、螺絲、鋁窗、百葉窗簾
2. 工具：電焊機、電鋸、電鑽
3. 成本預估：33,000元，客廳1樘窗220*165cm、書房2樘窗各160*165cm

序號	項目	數量	單價（元）	金額（元）
1	鋁窗（含工資）	3樘	8,000	24,000
2	百葉窗簾（含工資）	3座	1,200	3,600
3	C型鋼	5支	800	4,000
4	松木板	1塊	900	900
5	其他（角鐵、螺絲）			500

4. 省下工資：9,000元（約3天的工作量）
5. 多久回收：投資33,000元，每個月約可省下2,000元，台中一年的冷房季節約有6個月，故三年內可回收。
6. 和師傅溝通建議：
   （1）兩層窗之間的距離要足夠，預留10公分以上供百葉窗簾裝設。
   （2）內側窗框要預留排水路，以防室外窗沒關而雨水流入室內。
   （3）若能將新設的窗戶做在外層更好，不會影響室內使用，也不用擔心進水。

改善手法4 好好隔熱屋頂不再發燙了

其實要處理頂樓酷熱的問題非常簡單，只要把太陽輻射到屋頂混凝土板的熱量阻斷，問題就解決了。由於熱量移動的方式有傳導、對流、輻射三種，而當太陽用輻射的方式將熱帶到屋頂面時，有些熱會因為屋頂表面顏色較淺而被反射掉，有些則受到風的吹拂而對流帶走，剩下的部分就會被混凝土吸收，傳導到下面的室內空間。如果不想要混凝土吸收太陽的熱，就必須有一層物質將熱阻隔或減緩吸收，這層物質可以是花園、水池、隔熱磚或是鐵皮，也可以從室內側加一層隔熱材。

覆土植栽、架高木棧板、花架、水池均有隔熱的效果，但前提是一定要做好防水。

雙層通風屋頂

一般最常見的就是在頂樓加蓋鐵皮屋頂，原屋頂和後來加蓋的屋頂間空氣流通，這就可以稱之為雙層通風屋頂。它之所以會如此受歡迎，因為既可避免陽光直曬原本的屋頂、利用空氣層自然對流散熱，也可阻擋雨水，達到防水的效果，姑且先不論是否涉及違建，若鐵皮屋頂架設得太高，只能阻擋中午前後接近垂直的照射，當太陽斜照到原本的屋頂樓板，隔熱效果就會變差，而雨水有時也不會乖乖垂直落下，所以防水效果有限。

如果第二層屋頂與原屋頂的距離適當，讓太陽和雨水都不會接觸到原本的屋頂，並保持兩層屋頂間的空氣流通，那麼隔熱和防水的效果就會很好，但冬天無法保溫，除非事前做好機制：夏天通風、冬天不通風。這樣的屋頂有個缺點，因為兩層屋頂間的高度太低、無法使用，不像一般見到的鐵皮屋還可以晾衣服、放雜物，所以不常見於民宅。有些縣市已放寬規定，若裝設光電板就可以讓鐵皮屋頂合法。

1 有設計感的屋頂。
2 日本的警衛亭。
3 超級大屋頂，像為房子撐傘。
4 由於鐵皮屋太高效果不好，在太陽會斜射的面掛上黑網遮陽。
5 加建的鐵皮屋頂最低點不高於女兒牆、最高點不超過 150 公分，是目前有效又合法的方式。

綠屋頂隔熱＋涵養雨水，功能多多

從綠建築的觀點來看，綠屋頂除了隔熱外，還可以涵養雨水，為都市降低暴雨時的排水負荷；對一般人來說，有個屋頂花園更可以增加生活的情趣。然而花園固然美麗，但是舉凡屋頂結構的保護，防水、排水的處理，以及植栽的選擇等，都要非常審慎地處理，才不會讓美夢變噩夢。

綠屋頂的維護亦十分重要，植栽的澆灌是否會損耗電力及用水、人力澆灌還是用自動澆灌系統、植栽的修剪及落葉是否會影響排水…，這都是十分現實的問題，如果澆灌時能運用太陽能的電力和收集的雨水、選擇耐旱的植物、降低人力維護的成本，相信將不只是表面看到的「綠」。

日本的薄層綠化屋頂

日本京都藝術車站的屋頂具備隔熱、遮陽、調節氣候的功能，採用薄層綠化的方式控制屋頂荷重不會過大，綠化總面積為320m²，特別注重良好的保水及排水，最下層還有雨水回收系統，栽植種類有竹子、茶樹、四季草花及草地。

碎石、木棧板、塗白漆都有效

只要能夠阻擋混凝土屋頂面接收太陽輻射熱傳入室內，就可以達到降溫的效果，要是這些設施都能夠選購回收材質重製的產品或天然材質，就更符合環保精神了！

碎石就能隔熱你相信嗎？其實這很常見於國外的屋頂，碎石間的孔隙能散熱，10公分厚便很有效。木棧板則像是縮小版的雙層通風屋頂，若使用計畫植林所生產的木材做木棧板，還可對固定二氧化碳做出貢獻，因為樹木會吸收二氧化碳而成長，所以多用計畫林的木材就表示會栽種更多樹木，而這些樹木就像可以將二氧化碳固定在樹裡一樣。

使用白色或其他特殊塗料反光可以減少太陽光的熱力藉由屋頂傳導進入室內，但正因為白色反光效果好，若塗在平屋頂且平時會在上面活動，猶如在雪地般的超強反光會讓眼睛不舒服，但不白又沒效，而且平屋頂容易累積灰塵，沒多久就不白了。

1 碎石和木棧板都可以隔熱。
2 使用計畫林栽種的木材做木棧板，除了隔熱，還能有效固定二氧化碳及美化環境。

我家屋頂的多重隔熱：橡膠隔熱磚＋架高木棧板＋屋頂菜園

我家屋頂用PS板橡膠隔熱磚做主要隔熱材，這款隔熱磚由兩個部分構成，一是隔熱的PS板，像是高密度保利龍板；另一部分是橡膠面磚，它負責保護下面的PS板，以免受太陽紫外線的破壞。鋪設方法非常簡單，只要直接放在頂樓混凝土地坪上即可，如果遇到排水口或轉角處，再用大型美工刀切割成需要的形狀。

原本在下午時分，我用手去觸碰臥室的混凝土天花板會燙人，鋪完隔熱磚之後再用手去觸碰，發現一點都不燙了，室內也不像之前那麼悶熱。晚上睡覺吹冷氣原本要用將近5度電，鋪完隔熱磚後只用不到1度的電，空調省電效果達80%以上！

生性愛實驗的我，怎麼可能鋪了隔熱磚就罷休？由於市面上有在賣隔熱漆，聽說效果不錯，於是我買來塗塗看。剛塗完的效果的確不錯，因為白色有反射太陽輻射的功能，但經過半年後，白色漸漸變灰色，效果便不再那麼好。我得到一個結論，其實不用花大錢買隔熱漆，只要買一般白漆就好，而且適合塗在平滑有斜度的屋頂面，因為灰塵比較不容易累積，不會過沒多久就變灰了。

隔熱磚＋塗白漆

自己鋪上隔熱磚後再塗上白漆，隔熱效果加倍，減少紫外線照射還可以延長使用年限。

屋頂種菜樂

在屋頂種植栽亦有隔熱效果，若種些蔬菜，不但能觀賞還能吃，可說是一舉數得。

架高木棧板

大樓屋頂上本來分散於不同區域的木棧板，後來因為乏人維護就統一集中到我家的屋頂，讓屋頂的隔熱能力更上一層樓。

鋪設隔熱磚工程

STEP1依序將隔熱磚鋪好，直接放在防水做好的屋面上，不需使用黏著劑。

STEP2遇到形狀不符的地方就用大型美工刀切割。

STEP3落水頭周圍可鋪白色卵石來阻擋落葉，防止落水頭阻塞。

STEP4完成（白色是原本我家的隔熱磚，綠色是後來加鋪的，整個社區屋頂都隔熱）。

改造資訊

1. 材料：橡膠隔熱磚、白卵石
2. 工具：大型美工刀、切割尺
3. 成本預估：50,000元（約80m^2）
4. 省下工資：6,000元（約2天的工作量）
5. 多久回收：投資50,000元，每個月約可省下2,500元，台中一年的冷房季節約有6個月，故三年半可回收。
6. 和師傅溝通建議：
   （1）橡膠隔熱磚以在氣溫低的時候鋪設為佳，因為橡膠遇熱會膨脹，天氣熱的時候鋪起來看似緊密，但氣溫一下降就會有縫隙產生。
   （2）橡膠隔熱磚以交錯方式鋪設為佳。
   （3）落水頭附近可鋪些白色卵石，讓落葉不易阻塞落水頭。
   （4）若屋頂沒有女兒牆或者女兒牆會透風（格柵），最外圍的隔熱磚需用重物壓住，避免強風掀起。

屋頂隔熱性能Ui值計算

隔熱材的效能優劣與否可藉由熱傳透率Ui之計算得知，相關的計算方式可參考《建築物外遮陽暨屋頂隔熱設計參考手冊》，Ui的數值越低表示隔熱性能越好，屋頂和牆面的隔熱性能都可以計算。

隔熱前Ui值＝2.86W／m²K

屋頂平均熱傳透率評估計算表							
	構造材料	厚度d（m）	k值（W／mK）	熱阻係數1／k（mK／W）	熱阻r＝d／k（m²K／W）	R＝Σr總熱阻（m²K／W）	熱傳透率Ui＝1／R（W／m²K）
PU防水混凝土屋頂	外氣膜	---	23	0.04	0.043	0.35	2.86
	PU	0.002	0.05	20.00	0.040		
	水泥砂漿	0.015	1.50	0.67	0.010		
	鋼筋混凝土	0.150	1.40	0.71	0.107		
	水泥砂漿	0.010	1.50	0.67	0.007		
	內氣膜	---	7.00	0.14	0.14		

隔熱後Ui值＝0.47W／㎡K（Ui值越小隔熱能力越好）

屋頂平均熱傳透率評估計算表							
	構造材料	厚度d（m）	k值（W／mK）	熱阻係數1／k（mK／W）	熱阻r＝d／k（㎡K／W）	R＝Σr總熱阻（㎡K／W）	熱傳透率Ui＝1／R（W／㎡K）
PU防水混凝土屋頂＋橡膠隔熱磚＋松木棧板	外氣膜	---	23.0000	0.04	0.043	2.12	0.47
	松木壁板	0.025	0.1300	7.69	0.192		
	通風空氣層	0.100			0.460		
	橡膠隔熱磚（含PS板）	0.050	0.0448	22.32	1.116		
	PU	0.002	0.0500	20.00	0.040		
	水泥砂漿	0.015	1.5000	0.67	0.010		
	鋼筋混凝土	0.150	1.4000	0.71	0.107		
	水泥砂漿	0.010	1.5000	0.67	0.007		
	內氣膜	---	7.0000	0.14	0.14		

改善手法5 外殼遮陽隔熱既有效又美觀

若建築物既熱又不美觀，甚至還有漏水的問題，加上一層「皮」是不錯的選擇，這層皮可以是格柵，既可遮陽又能改變外觀，也可以是鐵皮，除了防水，若裡面加上隔熱材或保持通風，亦能隔熱。

1 工地的臨時建物用竹子圍起來，美觀又遮陽。
2 格柵遮陽又美觀。

1 金屬格柵較耐用。
2 又熱又漏水的外牆可用鐵皮防水內置隔熱材。

改善手法6 植栽也可以成功降溫

若想要日曬嚴重的牆面便宜又有效地獲得改善，種植爬藤類植物是個天然且美麗的方法，有些人擔心植物的根會破壞建築物的防水，其實只要選擇正確的植物種類，你就能擁有一棟「綠」建築，不過要花點時間等植物長大。

爬牆虎是綠籬植物中不錯的選擇，它靠著吸盤附著在建築物的表面，夏天綠意盎然，綠葉能遮擋陽光，葉子間形成的空隙可隔熱，行光合作用時能創造適宜的微氣候；等到了冬天，葉子會自然枯黃、掉落，太陽直接照射牆壁、屋內也能享受溫暖。

爬牆虎是種友善的植物，它靠吸盤攀附，不會破壞建築物的防水。

1 爬牆虎夏天長葉、冬天落葉，冬暖夏涼。
2 選擇易生長、好維護的植物種類，事前做好自動澆灌管線，便能輕鬆維護又美觀。
3 向陽的窗檯有利於植物生長，既降溫又美觀。
4 陽台種植物，既可遮陽又能淨化空氣。
5 植物的葉片可遮陽，葉片間的空隙及土壤亦有隔熱效果。
6 爬藤式外遮陽，爬藤與外牆間的空氣層亦有隔熱效果。

改善手法7 善用黑網，便宜又有效

如果所住的頂樓房子是租的，又無法說服房東進行屋頂隔熱工程，可以學習農民在夏天用遮蔭黑網蓋住農作物，以免豔陽曝曬的方法，將屋頂罩上一層黑網。記得選用透光率最低（網密度最大）的遮蔭黑網，而且必須和原屋頂之間保持20公分以上的距離，如此一來，便可以大量降低太陽熱輻射。

如果使用90%遮蔽率的黑網擋掉90%的太陽熱輻射，屋頂的降溫效果也一定可以達到90%。它的好處是：當颱風來臨或天氣轉涼時，將黑網收起下次再用，搬家時如果不想留給房東還可以打包帶走，如果不想要收起來也可以用鋼索繫緊、張緊，便不怕颱風吹跑了。

總之，只要是符合基本物理原理，可以隔熱的方法實在太多了，如果你也遇到類似的情形，請盡量用綠色環保的方式來解決，千萬不要把問題交給冷氣機，它只會帶來驚人的電費，而且住在裡面也不舒適，因為在夏季豔陽高照的午後，就算將冷氣開到最大，隔熱不良的頂樓還是會讓室內的人感覺悶熱，甚至冷熱不均，一不小心還會熱傷風。

1 坊間已經有很多人採用黑網作為夏季抗熱手段。
2 非平屋頂也能用黑網，只是工程比較浩大，還可用活動式因應冬夏兩季不同的需求。

1 黑網直接覆蓋在屋頂上其實沒有用，一定要有20公分以上的距離。
2 黑網如果颱風時沒收起來又沒固定好，很容易就被吹壞了。

購買指南

材料名稱	推薦品牌	哪裡買	備註
岩棉	品牌眾多	建材行、隔熱保溫材料行	k值越大隔熱效果越好
泡沫玻璃	美國 匹茲堡康寧	樺坤國際有限公司 （02）26590410	使用特定黏著劑
PS板橡膠 隔熱磚	東岱	綠適居社會企業有限公司 http://www.pcstore.com.tw/soenergy/	適用於平屋頂
PS隔熱板	東岱	綠適居社會企業有限公司 http://www.pcstore.com.tw/soenergy/	
農用黑網	品牌眾多	農業資材行	溫室用的遮蔽率較大

備註：市面產品眾多，只要用本書的材料名稱，上網搜尋，便可找到相當多的資訊，以上是我們用過覺得不錯的產品，選購時還是要謹記貨比三家不吃虧的原則。

Chapter 2

打造健康的空氣環境

給我健康好空氣

聰明換氣，家裡有View也不悶

你家空氣好不好

透視房子空氣問題

家中空氣能否順暢流動，通風是否良好，是關心室內空氣品質要做的第一件事。通風良好代表換氣夠，髒的或不好的空氣都可以被帶走。當然，這句話的前提是：進來的空氣必須是好的空氣才行。

通常各地環保署的監測站都會24小時監督空氣品質，並在有污染的時候進行通報，雖然很準確，但經常緩不濟急，況且一般人也不可能隨時注意環保署的公告。其實，我們的身體可以最快感受到空氣污染，一旦感受到外界空氣中的粉塵及臭味，就不要再堅持自然通風了，趕緊關窗、開啟空調或空氣清淨機過濾空氣，如果房子所處的環境空氣品質一直都不好，那就需要全屋空氣過濾系統。

早期窗戶上方都有氣窗設計，但近期流行的開窗方式變成下面是固定窗，導致整體可通風面積變小、降低自然通風的效果。（紅色虛線為實際可通風面積，僅佔整個開窗面的1／4）

室內毒氣來源眾多

有的時候，回到家裡待久了容易感覺昏昏欲睡，並不是因為家裡特別溫暖可以放鬆的關係，而是因為家裡的空氣品質有問題。檢查一下家裡的窗戶和空調，好好為家中的空氣把關，也為健康把關。

我們這10年常常四處去演講，剛開始的時候看到台下聽眾昏昏欲睡，心裡挺受傷，後來慢慢發現演講場地若是通風做得不好，又沒有換氣的裝置，一群人待在裡面，拼命吸入氧氣吐出二氧化碳，二氧化碳濃度自然愈來愈高，腦袋愈昏沉，瞌睡蟲馬上就來了，原來聽眾會昏昏欲睡，不一定是我講的不精彩，也不一定是聽眾太累了，而是現場環境通風換氣不良。

室內空氣品質是一個在近年來愈來愈受到重視的議題，因為大部分人類有超過90%的時間都待在建築物當中，對人來說，好空氣講究的應該是含氧量足且沒有毒性。以二氧化碳的濃度來說，在我的二氧化碳濃度偵測器上寫的是450ppm以下屬於「健康、新鮮」，環保署室內空氣品質標準則說1000ppm以下對人體無害，1000ppm以上則會讓人頭痛、昏睡及悶熱感，長期下來對健康風險增大，而我的二氧化碳濃度偵測器在這種時候就會盡職地嗶嗶叫。至於其他如致命的一氧化碳、會致癌及引發慢性腎臟疾病的甲醛及

VOCs（總揮發性有機化合物），以及難聞的臭味，增加呼吸道負擔的粉塵PM2.5、致病的微生物或細菌病毒等有害物質等，則應敬謝不敏。

關於空氣品質的檢測，除了二氧化碳濃度計外，其他的儀器大都價值不菲，一般人實在沒必要購買，若能正確並持續地通風，加上善用自己的鼻子，隨時偵測異味或不好的空氣並加以改善，便能維持家中良好的空氣品質。

廣義的室內毒氣來源非常多：有二氧化碳濃度過高，容易讓人昏昏欲睡；有各種物品或化學清潔劑散發出聞得到與聞不到的揮發性有機化合物VOCs；有剛裝修完工或是新家具揮發的甲醛；還有每天廚房所產生的PM2.5（油煙懸浮微粒），都會直接或間接影響人體健康。

人類呼吸所吐出的二氧化碳，是室內二氧化碳的主要來源。當室內二氧化碳的濃度明顯升高時，表示通風不佳，同樣地，室內所產生的汙染物質也很容易累積。

二氧化碳在極高的濃度之下，屬於單純的窒息性氣體，濃度超過600ppm，有些人會開始感到不舒服、疲倦，甚至頭痛；超過1,000ppm，可能會影響呼吸、循環器官及大腦功能。所以101年11月23日行政院環境保護署環署空字第1010106229號令訂定公告的「室內空氣品質標準」，便明確建議二氧化碳濃度值應在1,000ppm以下。

另一項無形的空氣汙染源——揮發性有機化合物VOCs（Volatile Organic Compound），這是指各種可於室溫下揮發的有機化合物，主要來自人類大量使用的化學合成品，包括清潔劑、化妝品、黏著劑、天然氣、油漆、殺蟲劑、香煙等日常用品，以及裝修建材、油漆、家具等，還有使用影印機和印表機，甚至乾洗後的衣服亦有可能殘存、散發出來。

1 上課場地常見超高的二氧化碳濃度。
2 擠滿人的喜宴場地同樣二氧化碳濃度過高。

揮發性有機化合物的種類相當多，一般室內的環境，包括甲醛在內大約有100種以上，其中大多數會對皮膚或呼吸道產生刺激性；有些則對中樞神經有影響，容易引起暈眩、疲勞等症狀；其中還有多種物質已被證實有致癌危險。

室內高濃度的揮發性有機化合物，大多發生在重新裝修、油漆、放置新家具以及清潔打蠟後。因此，當這些工作完成後，最好不要待在室內，盡量讓室內的空氣流通，並提高室內溫度，可以使各種揮發性有機化合物在短時間內有效逸散。

中華民國室內空氣品質標準

101年11月23日行政院環境保護署環署空字第1010106229號令訂定發布全文共五條。

第一條 本標準依室內空氣品質管理法（以下簡稱本法）第七條第二項規定訂定之。

第二條 各項室內空氣污染物之室內空氣品質標準規定如下：

項目	標準值		單位
二氧化碳（CO2）	八小時值	一０００	ppm（體積濃度百萬分之一）
一氧化碳（CO）	八小時值	九	ppm（體積濃度百萬分之一）
甲醛（HCHO）	一小時值	０・０八	ppm（體積濃度百萬分之一）
總揮發性有機化合物（TVOC，包含：十二種揮發性有機物之總和）	一小時值	０・五六	ppm（體積濃度百萬分之一）
細菌（Bacteria）	最高值	一五００	CFU／m3（菌落數／立方公尺）
真菌（Fungi）	最高值	一０００。但真菌濃度室內外比值小於等於一・三者，不在此限。	CFU／m3（菌落數／立方公尺）
粒徑小於等於十微米（μm）之懸浮微粒（PM10）	二十四小時值	七五	μg／m3（微克／立方公尺）
粒徑小於等於二・五微米（μm）之懸浮微粒（PM2.5）	二十四小時值	三五	μg／m3（微克／立方公尺）
臭氧（O3）	八小時值	０・０六	ppm（體積濃度百萬分之一）

第三條 本標準所稱各標準值、成分之意義如下：

一、一小時值：指一小時內各測值之算術平均值或一小時累計採樣之測值。

二、八小時值：指連續八小時各測值之算術平均值或八小時累計採樣之測值。

三、二十四小時值：指連續二十四小時各測值之算術平均值或二十四小時累計採樣之測值。

四、最高值：指依中央主管機關公告之檢測方法所規範採樣方法之採樣分析值。

五、總揮發性有機化合物（TVOC，包含：十二種揮發性有機物之總和）：指總揮發性有機化合物之標準值係採計苯（Benzene）、四氯化碳（Carbontetrachloride）、氯仿（三氯甲烷）（Chloroform）、1,2-二氯苯（1,2-Dichlorobenzene）、1,4-二氯苯（1,4-Dichlorobenzene）、二氯甲烷（Dichloromethane）、乙苯（Ethyl Benzene）、苯乙烯（Styrene）、四氯乙烯（Tetrachloroethylene）、三氯乙烯（Trichloroethylene）、甲苯（Toluene）及二甲苯（對、間、鄰）（Xylenes）等十二種化合物之濃度測值總和者。

六、真菌濃度室內外比值：指室內真菌濃度除以室外真菌濃度之比值，其室內及室外之採樣相對位置應依室內空氣品質檢驗測定管理辦法規定辦理。

第四條 公告場所應依其場所公告類別所列各項室內空氣污染物項目及濃度測值，經分別判定未超過第二條規定標準者，始認定符合本標準。

第五條 本標準自中華民國一百零一年十一月二十三日起施行。

檢查家裡通風是否合格？

你可以由下列幾個方向一一檢查家裡的通風是否合格?以及室內是否有汙染源?來保護家中的空氣品質：

1. 瞭解房子的方位、開窗位置及面積，夏天是否迎風、冬天是否背風；
2. 打開所有門窗，點根線香，藉由裊裊香煙的飄移來觀察空氣流動的狀況；
3. 在門窗上方貼張輕薄的紙條或看看窗簾吹的方式，也能知道風的流向；
4. 房間若關上門，是否只剩單方位的窗可以開；
5. 到廚房及廁所檢查是否有異味或發霉，毛巾或抹布總是乾不了；
6. 廁所天花板的排氣扇是否吸得住衛生紙；
7. 抽油煙機排氣口能否確實將油煙排到屋外，廚房是否容易黏呼呼；
8. 一進門或櫥櫃打開來是否有霉味或刺鼻味，或者眼睛覺得不舒服、直打噴嚏；
9. 空調設備是否有換氣功能，冷暖氣吹久了就昏昏欲睡；
10. 最後則是檢查門窗氣密性：窗縫、門縫是否緊密，以防異味。

檢查夏冬兩季，風從哪裡來？

由於台灣的地理環境位於亞洲的東南邊，夏天通常會吹南風或西南風，冬天會吹北風或東北風，所以房子的方位或是主要開窗面最好能夠朝向南方、開窗面較小的則向北，也就是坐北朝南，這樣一來夏季就可以引進比較涼爽的南風，冬天則可以阻擋寒冷的北風直驅溫暖的家。不過前提是鄰棟的建築物不能太近，否則會影響風向。

我家的狀況是大面窗朝向西方，另外一側開窗面則是向北，所以要運用大自然的力量來通風，不但要碰碰運氣，也需要靠點改造巧思來引導空氣流動方向。

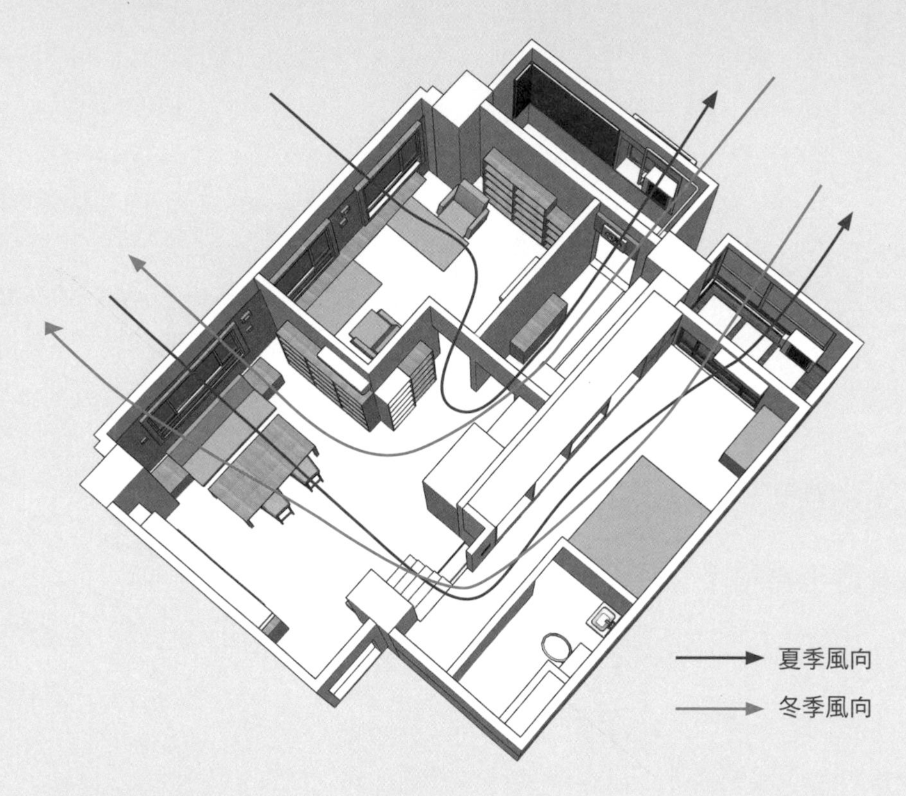

・我家的通風問題分析

1. 因為窗戶面向西方，夏天吹南風時受風面小，通風量較少。
2. 臥室因只有北面窗，如果睡覺時關門，即使開窗也無法通風。
3. 冬天因進風處在北方，受風面大，通風量較多，但是冬天不需要太多通風，因為會很冷。
4. 吹北風時廚房的味道和濕氣會被吹進其他空間。

・思考方向

1. 規劃通風路徑，利用廚房、工作陽台及浴廁作為通風路徑末端。
2. 用機械設備改變冬天的通風路徑，讓一年四季都正確通風。

檢查格局與窗戶位置是否阻礙風的方向？

空氣是否能夠對流，主要還是要檢查房間的格局、開窗位置以及走道動線的規畫。

我家因為西、北兩側有開窗或開門，夏季時客廳及書房有機會可以自然通風換氣，主臥室及次臥室則非常困難，尤其睡覺關上房門時；冬季時北風會從主臥室及次臥室的北向開窗灌入，因為太冷而無法開窗通風。

大面開窗是許多人嚮往的

檢查廚房及浴廁是否位在出風口末端？

為什麼要特別檢查廚房和浴廁？因為這兩個地方是家中最容易產生PM2.5的油煙或異味之處，因此家裡的通風路徑設計，就應該把這兩處當作是通風路徑的末端，設置排氣口，並24小時排氣。

我們當初買房在看這棟房子時，一進屋裡，就在客廳聞到廚房的味道。為什麼會聞到這些味道呢？就是因為這間屋子的空氣流動方向沒有規畫，讓廚房位在房子的北側，冬天吹東北季風，風從北方灌進來，自然順便把廚房的油煙味一起帶進客廳，使得家裡的空氣品質變差。

除了方位要注意之外，廚房和浴廁的排氣設施是否裝置妥善，也要特別檢查，才不會讓設備空轉，無效又耗電。

1 若做好通風路徑，開放式廚房也不會油煙亂竄。
2 廚房的採光和通風都很重要，應規畫廚房為出風口，讓油煙不逆流。

檢查窗戶是否能通風

設計師的想法會隨著時代演進而改變，建築也一樣，不同年代的建築師為建築立面塑造不同的表情，而窗戶是建築物的靈魂，掌控著室內光線的明暗，加上近年來五金、鋁框、玻璃等材料多樣化，建築師可運用的手法愈來愈多。為了讓使用者與外界景觀沒有距離感，便有了大面積、少分割的開窗設計，然而大面積的玻璃較重、不易開啟，因此產生了固定的景觀窗，但在擁有無敵美景視野的背後，往往得承受悶熱的室內溫度及昂貴的空調電費。

綠建築專家說，不能開的窗不叫窗，僅能叫透光的牆；而且建議在台灣這種亞熱帶的氣候地區，有窗一定要有簷，否則雨打或日曬都讓人開不了窗，也影響了窗戶協助室內通風的功能。

有簷的窗

窗戶上方的簷可擋雨，深一點的簷還能遮陽。

採光與通風兼具

良好的採光設計也要顧及通風，才能擁有舒適的好空氣。

橫拉窗、推射窗，哪種型式好？

開窗通風是引入新鮮空氣最簡單便宜的方式，橫拉窗及推射窗則是一般常見的開窗型式。

兩扇對開的橫拉窗，擁有一半的通風面積，特殊軌道的橫拉窗，可以擁有更大的通風面積；推射窗通常出現在小面積的開窗，其氣密性比一般的橫拉窗好。由於外界風向瞬息萬變，在自然通風的條件下，一般左右開啟的推射窗能開啟的角度較小，僅能獲得單方面的通風，有時甚至會擋住風的進入，此時開口的朝向最好能面西、西南、南，順勢引進夏天的風。

對開橫拉窗的通風面積佔開窗面積的一半。

推射窗若選擇可以90度外推的型式，通風面積幾乎是整個開口，最常出現在大樓梯廳的排煙窗。若能以中心軸推開90度而外推後窗面開口分成兩半，打開時，與外牆垂直的窗扇則成為導風板，使吹到其上的風順勢吹入室內。與一般對開的橫拉窗相比，可以90度開啟的推射窗，通風效果有時反而會更好，但相對五金的價格也會比較貴。

1 推射窗若能開啟的角度太小，會導致室內通風不良。
2 可90度開啟的推射窗能增加通風面積。

你家的空氣還要注意有沒有污染源！

許多人辛苦打拚，心中懷抱的夢想，就是有一天可以把房子「好好」裝潢一下，回家有個舒服的窩。但是外表美麗的裝潢藏有許多陷阱，並不代表舒適一定跟著來，如果不注意，甚至可能污染室內空氣，把居住者的身體都搞壞了。

房子住進去應該身心舒暢，要是有不自然的異味、刺鼻味，或在房子裡待久了眼睛會感到乾澀不舒服，嘴唇苦苦的，甚至有胸悶的症狀，都有可能是裝潢出了問題。

給我健康好裝潢。慎選建材，我家不是毒氣室。

要健康，不要毒氣

大家應該都有類似的經驗，就是進入剛裝潢好的房子，或是搬進新家具，會聞到一股新新的、有些刺鼻的味道，而大部分人也將之視為理所當然，想著：反正過一段時間等味道散掉，就沒事了。

其實這些味道大半是裝潢所用黏著劑、溶劑的產物，代表著甲醛、苯或揮發性有機化合物（VOCs）。一言以蔽之，這些都是會危害健康的有毒物質，要不是跟癌症、慢性腎臟病扯上關係，就是會讓人記憶力減退、頭昏眼花、變得暴躁易怒等等。

更嚴重的是，不論是裝潢材料本身或者施工過程，一旦使用了會釋放有毒物質的材料或塗劑，就不是一天兩天可以解脫的。也就是說，即使是我們家的裝潢已經聞不到刺鼻味，也不代表有毒物質沒有持續逸散到室內的空氣中。國外有相關研究顯示，在使用週期當中，相關物品仍然會持續釋放「毒氣」，若不處理，可能得要3～14年不等，附近的室內空氣才能逐漸降至安全範圍。

我們家的裝潢可盡量採用原木，並採用植物油製成的護木油。

因此許多人花大錢裝潢，喜歡要求大量的木作包覆，而且特別重視塗裝表面必須光滑亮麗，殊不知木作面積愈大，塗裝表面處理得愈細緻，使用到有毒板材或塗料的機率就愈高。舉個例子，木作的家具外表若想光滑平整，免不了要上一層又一層的化學塗料，如果塗料的選擇又沒有講究低VOCs，對身體有害的機率不就也隨之水漲船高？花大錢換毒氣室，這個算盤，真的該重新打打了。

合板與強力膠（尿素甲醛）貼皮的裝潢，甲醛含量可想而知，對健康的潛在威脅甚大。

想要健康的裝潢又怕用到不健康的材料，除了慎選天然無毒的材質，減少裝潢是更簡單的方法，有些人不喜歡看到水泥牆，便要室內設計師將家裡每一面牆都貼壁紙、釘木作裝飾牆、貼黑玻璃等，其實想要家裡有變化，簡單的小擺飾或放盆生意盎然的植物，都能做到點綴的效果。如果真要添購家具或裝潢，天然素材無疑是最佳選擇，除了原木，國外還會利用椰子殼、稻稈、回收玻璃、天然樹脂、天然乳膠、回收纖維等，而台灣也有本地生產的竹子等材料可供運用。

裝潢新美學 使用原木家具，讓滿室芬芳取代嗆鼻味道

國外很多人喜歡住在傳統的木屋，木屋裡有著大量的原木裝潢，而且甚至是沒有塗裝的原木，有一種氣味芬芳、滿室溫馨的感覺。如果我們在室內多使用原木裝潢及家具，也能達到這種境界，因為未塗裝的原木，木材表面的孔隙沒有被塗料塞住，當空氣太潮濕時會吸收空氣中的水分，太乾燥時也會放出水分，可取代除濕機及空調的部分功用，除了讓生活健康舒適，也可以節省空調用電。

剛接收前一任屋主留下來的裝潢時，他們都是用一般的木心板當材料，並用強力膠貼上把木材孔隙封閉的塑膠皮。一般的木心板即使貼上原木皮，由於黏著劑填滿木頭孔隙，阻斷呼吸作用，而且黏著劑還會揮發大量有害人體的甲醛氣體。我們原本想把這些裝修通通拆除，但後來考慮到經費及環保的問題而作罷，但在其他部分，包括西曬雙層牆的室內壁板，以及大小書櫃、餐桌、鞋櫃、置物箱，廚房用的移動式儲物櫃等，都是使用永續森林計畫種植的原木製作；為了製作這些原木家具，我和海韻還經過一連串學習木工的酸甜苦辣。

我們的木工體驗

除了松木壁板外，這些原木家具的水平面需要一層保護才不容易髒汙，我們使用植物油塗料（非一般亮光漆），它可確保木頭孔隙不被阻塞，持續進行吸收水氣、排出水氣的呼吸作用。

由於大量使用原木的家具及裝潢，我家不僅滿室溫馨、自然，而且在控制濕度方面，也都有良好的效果；加上不需要使用任何電能驅動，還可以達到節能的目的。

若想要原木家具堅固耐用甚至作為傳家之寶，妥善的保養及維護是一定要的，但許多廠商都習慣塗上亮光漆，雖然比較好保養，卻也失去原木調溫調濕的功能，然而如何選擇會呼吸的原木家具呢？最簡單的方法就是看它的表面是否太過光滑、甚至會反光，如果不放心，也可以請廠商提供相關的資料，證明使用的保護塗料是天然無毒的。

原木讓人覺得溫暖、舒適，實際上也有益健康。

哪種原木比較好？

若喜歡自己DIY原木家具，到一般大賣場、木材行或木工教室就能找到平價的松木及杉木原木，它們的特性是質地較軟，所以比較容易製作。

至於其他種類原木則要到木材行才找得到，建議最好使用柚木、樟木，因為它們本身會分泌油質及特殊香氣，不但防潮性高還能防蟲蛀，更不需再刻意塗植物油，而且使用愈久愈有光澤，但也因此價格比較高；至於檜木則以台灣檜木最好，因為它的香氣比其他地區的檜木濃郁，可惜目前已禁止砍伐了，市面上看到的大部分是漂流木或回收再利用。

原木家具最怕遇到白蟻等蛀蟲，有時蛀蟲的卵在木頭裡，沒有將蟲卵殺死就做成家具，買回家一陣子才發現這些卵孵化成蟲並將家具鑽了個洞；或者因為家中漏水或濕度過高吸引白蟻來居住，除了做除蟲處理外，避免漏水及控制濕度也很重要。

1 原木家具及裝修：原木的初期成本雖較高，但帶來的舒適及健康是無價的。
2 日式榻榻米：榻榻米屬於自然素材，一年四季光著腳丫走在上面感覺柔軟舒適。

使用原木也要小心防腐劑

一般用於室外或浴室的木頭都會做防腐處理，避免因長時間潮濕而腐爛，舉南方松為例，它是最被廣泛運用於戶外的原木，幾乎都會以化學藥劑做防腐處理，雖然目前已有限制防腐劑的成分及用量，但無論是CCA（台灣已限制使用）或ACQ型的防腐劑，對人體還是有害，都不適合直接接觸皮膚，因此我家的泡澡陽台選用物理性防腐的炭化木，它是以高溫方式去除蟲卵，十分安全又環保。然而無論用何種方式防腐，木頭都怕紫外線照射，曬久了容易變形或龜裂，所以放在室外的木頭一定要塗上護木油，才能增加使用年限。

此外，原木若是非法砍伐的也不環保！應該購買由永續森林種植的木材所生產的產品，才不會因此而破壞環境，想要確定買的產品來源是否安全，可以看它是否有通過FSC、PEFC、CSA、SFI、MTCC等認證。

也許你會擔心有些平常很少聽到的材料不知要去哪裡買，其實只要有心，多多運用網路搜尋，就能發現許多好東西，如果不熟悉網路也無妨，花點時間逛逛相關材料行或建材展也有不少收穫。例如炭化木雖然比較少見，種類也不多，但只要到較具規模的木材行都找得到，而護木油在一般木工教室也有販賣。優良的產品對於相關認證都會標示得很清楚，甚至還會有測試報告。

1 我家泡澡陽台的地板使用碳化木。
2 一般原木家具最常見的問題是容易遭到蛀蟲入侵，或是原本木頭裡面就有蟲卵，而造成家具損壞！

透視房子的建材問題

如果為了更加妥善運用家中空間而選擇裝潢，但又想同時擁有健康，那麼最有效的方法就是確實跟設計師或裝潢師傅溝通清楚：

1. 選擇天然、無毒性的建材，或使用低甲醛含量的板材，如低甲醛木心板、低甲醛粒片板等；
2. 避免使用木心板貼皮；
3. 選擇天然或低VOCs塗料，避免使用加工塗料；
4. 施工過程中避免使用有毒的黏著劑或亮光漆；
5. 若材料無法完全無毒，盡量在空曠的戶外施工、組裝，或施工現場大量通風。

選用建材 無毒性比花紋更重要

千萬不要使用沒有甲醛釋出檢驗標示的板材。台灣從2007年起，裝潢使用的板材及角材已經有分級制度，分為F1、F2、F3三種等級，通常印記在板材上，而且規定了甲醛含量必須在1.5ppm以下，級數F3以上的板材才能在市場上販售使用。要是覺得這些名詞跟數字太過複雜，可直接參考國內外環保標章或綠建材認證（詳見綠建材標章網站）來辨別。

台灣廠商有生產低到測不出甲醛逸散的板材、角材等產品，2006年我們在改造自家時還找得很痛苦，目前已經到處可見健康建材。

環保署建議值

甲醛（HCHO）	0.1ppm／小時
總揮發性有機化合物（TVOC）	3ppm小時

甲醛釋出量實驗結果標準（經濟部標準檢驗局）：

標示記號	甲醛釋出量平均值（mg／L）	甲醛釋出量最大值（mg／L）
F1	0.3以下	0.4以下
F2	0.5以下	0.7以下
F3	1.5以下	2.1以下

備註：ppm是百萬分之一，1ppm即一百萬分之一。一公升的溶液中有某物質一毫克（mg／L），該物質含量也可以表示為1ppm，因為以水來說，一公升的水重一公斤，一公斤與一毫克的比值剛好是一百萬分之一。

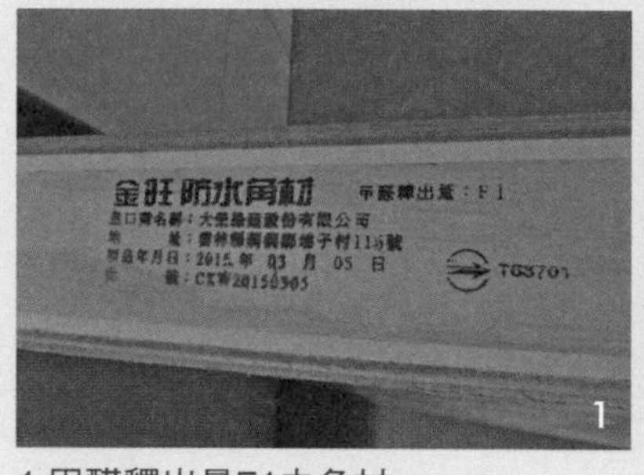

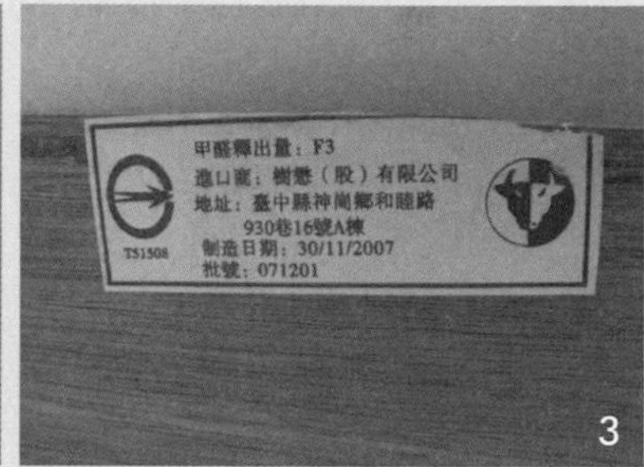

1 甲醛釋出量F1之角材。
2 零甲醛釋出量的角材。
3 甲醛釋出量F3之木心板。

使用塗料 成分天然比顏色更重要

油漆、塗料就要看它的成分是否含甲醛或鉛、汞、鉻等重金屬。一般說來，有一個懶人辨別法，就是水性塗料比油性塗料毒性低，白色顏料因為化學成份單純，又比其他顏色安全。油性塗料的表面雖能防水，但它是用苯類當溶劑，乾燥階段對人體會造成傷害，因此室內建議選擇乳膠漆或水泥漆等水性塗料。

灰泥可直接塗刷一層，不需再幾底幾度的傳統油漆工法了。護木油塗刷也很方便，工序反而比以前減少很多。

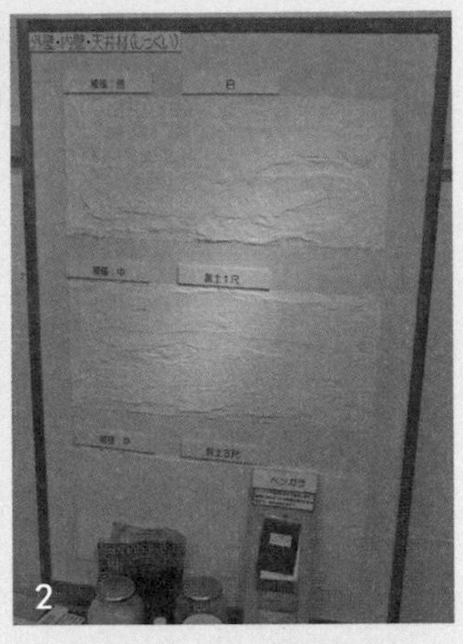

1 原木地板塗天然護木油，快速又環保，完工後不用再花錢除甲醛了。
2 日本的樣品屋裡，會依據不同區位的牆面給予不同的建議，且都是天然的素材。

但是水性塗料也並非真正健康安全，只要非天然的產品，必定需要添加許多化學物質，只是成分多寡、傷害性高低的區別，所以用綠建材不代表就完全無毒，只是盡可能將傷害降到最低。

如果想要無毒又健康，天然的塗料是最佳選擇。例如灰泥能讓底部的混凝土牆呼吸，減少壁癌的問題，雖然施工方式與傳統的不同，近年來師傅的接受度已越來越高，但由於目前泰半由國外進口，單位成本較高，如果能考慮利用假日全家動員一起DIY，用工資抵材料費，同時增進家庭成員的情感，也不失為另一種好選擇。

除了揮發性有機化合物之外，還要特別提醒喜愛使用高級石材展現家中「豪」氣的民眾，部分大理石或進口花崗石等石材，會釋放過量的放射線氡氣，使用前請先確定檢測值（美國環保署建議值為4 picocury），若沒有檢測資料，盡量避免使用放射線指數較高的紅色系石材。

少用黏著劑、亮光漆 施作過程中的污染源

特別注意：選了好的板材及塗料，要是施作過程中使用過多的加工塗料或黏著劑，最後可會功虧一簣。例如家中若是採用原木家具，卻塗上一層亮光漆，可能就把選擇原木的優點給犧牲殆盡。亮光漆雖可以保護家具，使清潔擦拭容易，但施作及乾燥的過程中，因為要使用大量的溶劑，如松香水或香蕉油，溶劑主體為甲苯（Toluene），會揮發出大量的有害物質，而且亮光漆堵住了原木的孔隙，使原木可調節溫濕度的優點也一併消失，變得跟塑膠沒兩樣。

若用的是木心板貼皮，情況就更複雜了，因為木心板本身是一層一層的薄木板用黏著劑膠合而成，看起來像木皮的表面通常也是塑膠製的，將這層皮用強力膠黏在木心板上，便成為一般常見的木質家具或裝潢，所以如果黏著劑含有甲醛，再加上強力膠的主成分為聚氯化橡膠（CR），對健康的危害可想而知。

除了木作裝潢有黏著劑的問題外，壁紙也同樣會有；如果塗料、窗簾、地毯等材質的成分或製作過程中加入揮發性的溶劑，一樣有甲醛等揮發性有機化合物逸散的問題。

使用傳統材料裝潢的建議

目前健康建材的選擇越來越多，但價格仍偏高，若有成本上的考量，不得不採用一般的傳統材料裝潢時，在此也良心建議：

1. 盡量在屋外製作：如果一定要現場製作木作家具，建議盡量在戶外且空曠的地方施作，讓有毒物質不至於吸附在室內或飄進鄰居家中。
2. 裝潢完成後先別急著入住，打開窗子讓屋內通風兩星期以上，待揮發性有機化合物逸散之高峰期過後再搬進去住。
3. 考慮使用系統櫃：系統櫃用的板材大多已完成好一陣子，甲醛的含量也比較少，好的板材會考慮防潮、耐燃，只要量好需要的尺寸，工廠裁切完成後運到現場組裝即可，合格的工廠還會妥善處理廢棄物，免去現場施工產生的污染，也避免影響屋主及左右鄰居的健康。

日本精準的人性標準 兼顧建材與換氣次數

日本對於木材、壁紙、隔熱材、接著劑、塗料等均有分級，下表為日本建材依甲醛逸散速率做的分級，第一種建材因甲醛大於120μg／m^{2}h（0.12mg／m^{2}h，每小時每平方公尺面積揮發0.12毫克）已禁止使用；最高等級的F☆☆☆☆因小於5μg／m^{2}h，所以沒有使用的上限。第二種及第三種建材則有使用上的限制，由以下公式可知，在室內換氣次數有效控制下，分別有其係數參考，也就是使用材料的面積乘上對應的係數加總起來不得超過該空間的樓地板面積。

建築材料分類	甲醛的逸散	JIS、JAS的標示方式	室內裝潢使用的限制
非建築基準法規定之材料	少量 逸散速度 5μg／m^{2}h以下	F☆☆☆☆	無使用限制
第三類含甲醛材料	5μg／m^{2}h～20μg／m^{2}h	F☆☆☆	限制面積使用
第二類含甲醛材料	20μg／m^{2}h～120μg／m^{2}h	F☆☆	
第一類含甲醛材料	多量 120μg／m^{2}h以上	過去之E_2、F_{C2}或無標示	禁止使用

舉例來說，如果我的臥室面積12m²，每小時換氣次數為0.7次以上，臥室裡使用第二種建材的面積為5m²、第三種建材的面積為10m²，那麼我的臥室是否在安全範圍內？就可以如下計算：

$$1.2 \times 5m^2 + 0.20 \times 10m^2 = 8m^2 < 12m^2 \rightarrow \textbf{OK}$$

$$\underbrace{N_2S_2}_{\text{第二種}} + \underbrace{N_3S_3}_{\text{第三種}} \leqq A$$

S_2：第二類含甲醛材料的使用面積
S_3：第三類含甲醛材料的使用面積
A ：空間的樓地板面積

空間種類	換氣次數	N_2	N_3
住宅等空間	每小時0.7次以上	1.2	0.20
	每小時0.5～0.7次	2.8	0.50
住宅以外的空間	每小時0.7次以上	0.88	0.15
	每小時0.5～0.7次	1.4	0.25
	每小時0.3～0.5次	3.0	0.50

很簡單吧！但前提是室內的換氣次數是有最低下限的，而每種建材也需要分級才行，這時候就不得不佩服日本人的精準了！建材分級在台灣已有了開始，而換氣次數的控制則需要國人觀念上的改變，所謂換氣次數，就是每小時進入的新鮮空氣量（m³／h）／室內容積（m³），開窗通風當然是讓有毒物質消散的最好方式，但當室內因有開空調、室外風向不對、風沙太大或太吵而關窗時，就要記得適度地引進新鮮空氣，否則不但建材逸散的有毒物質濃度會升高、二氧化碳的濃度也會升高！

1 日本的建材都有分級，當然還是天然的最好。
2 日本有許多木構造或原木裝潢，對於防蟻及防腐也特別重視。
3 日本的千里住宅公園裡有各式樣品屋供民眾選購，其中還有標榜使用純天然、無毒性建材的住宅。

你家中的空氣味道如何？

家中若沒有怪味、臭味、霉味，就稱得上是乾淨的味道，如果還能聞到太陽的味道、花草香，那可真的是好味道了！

1 給我乾淨好味道。排氣扇、存水彎施工確實，臭味無路可進。
2 採光、通風良好的浴廁，加上可觀賞的美景，讓洗澡變成一種享受。

透視房子臭味問題

家裡面最容易產生味道的，就屬廚房及浴廁了，因為我們每天要在這兩種空間處理人生大事：「吃」和「拉」，如果產生的是烹煮食物或沐浴用品的香氣倒也不錯，但往往是因潮濕產生的黴味、鄰居家進來的煙味或炒菜的油煙味，再加上通風路徑若沒規畫好，這些異味便會在家中四處亂竄，不僅感覺不好更會危害健康。

若覺得家裡味道不好，想知道異味打哪兒來，可從以下幾點著手檢查：

1. 若有不明臭味或蟑螂等昆蟲進入廚房或浴廁，請檢查水槽及地板排水管是否有存水彎設計。
2. 浴廁雖然裝設了排氣扇，但濕氣及臭氣依然難消，甚至還會聞到別人家產生的異味或二手煙時，若檢查排水孔、馬桶座都無異狀，很可能是排氣扇或通風管道出了問題。

1 良好的通風裝置：排氣扇與管道間之間必須連接確實，最好還能有逆止閥門裝置，防止管道間的蚊蟲或臭氣進入家裡。
2 浴室排氣扇最常發生管路沒有連接確實的情形，臭味及濕氣停留在天花板裡，容易流竄至其他空間。

3. 常常聞到廚房的油煙味，或者排油煙機沒啟動時，手放在吸煙口會有風灌入，甚至有蚊子從吸煙口飛進來，表示排煙口沒有做防蟲網，而且抽油煙機沒有逆止閥門，導致外界的風灌進來，讓廚房的污濁空氣倒灌至其他起居空間。

檢查廚房排油煙是否順暢

廚房除了有濕氣、食物腐敗或垃圾發臭等困擾外，油煙味是最令人頭大的，這些味道如果無法順利排出，反而灌入室內其他空間的話，除了不好聞還會有油垢的問題。

一般廚房抽油煙機的排煙管會經過廚房的天花板通往戶外，但如果沒接好，油煙就可能直接排至廚房的天花板裡、滯留在廚房甚至散佈到其他空間，這樣的油煙吸久了會有肺癌的危險；之前有個新聞就是這樣，一對夫妻因此罹患肺癌，實在很冤枉。

若想加強廚房油煙快速排出，在窗戶增設抽風扇也是一個辦法，但必須注意的是抽風扇周圍的空隙必須封好，否則抽風扇抽出去的油煙又馬上從空隙灌入，這就是所謂的氣流短路，導致抽風排煙效果不佳。

1 小吃店最常見到這樣的排煙方式，其實是裝安慰的，效果很差。
2 使用抽油煙機時，若打開窗戶，排出的油煙會再從窗戶回來，就造成氣流短路現象，炒菜時記得要關窗。
3 抽風扇周圍的空隙應用隔板封起來，避免氣流短路現象。

浴廁排氣扇施工要講究

我最怕進入不通風的浴廁，聞到那股混雜在空氣中的臭味及黴味，有些公共場所為了遮掩這種氣味，還放置化學芳香劑，那種噁心的感覺簡直令人昏倒！

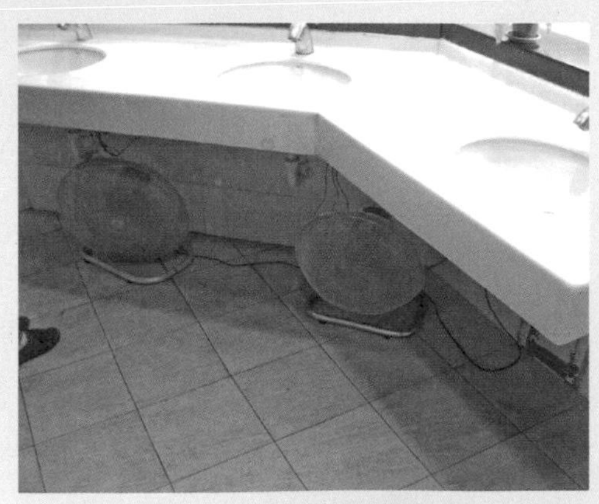

公共廁所最常見到這種強力電風扇，又吵又耗電，效果也不佳。

住宅中的浴廁空間，最好可以對外開窗，更好是連泡澡的地方都有美景可觀賞。然而，一般集合式住宅因為一層就有多戶住家，對外窗分配總是僧多粥少，考量開窗位置時，多數優先留給客廳或臥室，將浴廁擺到最後順位，導致許多浴廁都沒有對外窗，只能靠排氣扇及管道間排氣。

即使浴廁有開窗，當風向是由外灌入室內時，也會把濕氣和臭氣帶入臥室、客廳或餐廳。所以建議有開窗的浴廁還是要裝設排氣扇24小時排氣，以免外界風向改變造成逆流，窗戶則負責採光及獲取紫外線的任務。排氣扇可以裝在天花板、從管道間排出或當層排氣，也可以裝在窗戶，但要注意封板問題，避免氣流短路。

裝了排氣扇還要注意保養的問題。有一次到朋友家作客，他家的廁所排氣扇開啟時會聽到運轉的聲音，但將手靠近吸氣口時卻感受不到空氣流動，拆下來後才發覺排氣扇的逆止閥門早已被灰塵堵塞而無法掀起，排氣扇根本無法有效排氣，根本是浪費電！

1 排氣扇裝了卻沒將周圍封板，氣流短路效果不佳，同樣浪費電。
2 將排氣扇周邊用板封好才不會氣流短路。
3 有些抽風扇的附件裡就有隔板，十分方便。

看不見的地方更要好好檢查

除了排氣扇本身的功能正常運作之外，排氣扇與通風管道間的管道連接密合度必須審慎要求，否則污濁的空氣或濕氣是不會順利被排出的。建議大家除了常常用手感受一下排氣扇的氣流是否正常，最好還要把浴廁的天花板掀開來確認管道連結是否扎實密接。

1 排氣扇與風管須確實安裝。
2 與管道間之間連通的管路需實填縫，若能用金屬管束取代強力膠布更佳。
3 即使浴廁有對外窗，還是要裝排氣扇，才能因應外界風場的變化。

日本旅館浴室天花板上面的管道空間相當乾淨，管路連接不但確實，甚至還加上吊帶使管路順暢，讓排氣扇發揮最大的效能。

檢查通風管道間出口是否有效

台灣大部分集合式住宅的通風管道出口都設置在屋頂，在此提醒大家最好抽空上頂樓觀察一下大樓整體通風塔的運作是否有效。因為即使排氣扇順利將臭氣抽出浴廁，也必須能夠順利通過通風管道間排放到戶外去，才能真正達到排氣的效果。出口的設計，應該要能順應季節風向，造成適當的壓力環境，引導房子裡的廢氣往外排出，處理得不好的話，廢氣就會在住戶間亂竄，不但自己家的污濁空氣或濕氣排不出去，浴廁潮濕發臭，鄰居家的污濁空氣、氣味也會灌進來，嚴重時甚至產生住戶間病菌傳染的情形。

如果位居高樓層或新竹這類常有強風的地區，容易被倒灌的強風降低排氣效能甚至排不出去，便可以裝設抗強風的排氣罩。它的原理很像通風塔，由於四周都有開口，所以無論風從那個方向吹，都能有效排氣。此外，它的內部有百葉，可以擋住雨水入侵。

有個朋友家明明是新大樓，卻向我們反應浴廁排氣扇效果很差，幫他看了排氣扇的功能和連接的管路都沒問題，爬到頂樓一看才知道管道間出口整個被堵住了！原來因為之前颱風來，管理員怕風雨灌入管道間而很貼心地把通風出口整個包起來，後來忘了拆除，造成朋友家的廢氣很難排出，我想即使排出他家，也應該是跑到鄰居的浴廁去了。

有些建商會將浴廁的排氣設置在個別樓層，也就是當層排氣，降低住戶間污濁空氣彼此干擾的可能性，是十分貼心的設計，但如果通風管拉得較長，排氣口又有風倒灌時，排氣扇便無法有效排氣，此時選擇抗強風的排氣罩便十分重要。

善用熱浮力效應＋壓力差＝好排風

說起具備有效排風功能的通風管道間，要先了解幾項基本的物理原理。前面第2章中提到過雙層窗，運用的是溫度差的原理形成一定方向的空氣對流——當熱空氣上升時，冷空氣會自動由下方補充。我們常聽到的「煙囪效應」也是溫度差的現象，當底下爐火將空氣加熱，熱空氣便會快速往上竄，所以如果有經驗的人一定記得，手放在爐口前會感到有風往爐內吸，而燒紙錢的金爐口會自動吸紙錢也是這個原理。

空氣對流則是運用壓力差來達到通風，迎風面為正壓、背風面為負壓，若正面及背面均有開口，便能自然通風。這也是為什麼通風塔要四面都有開口才能適應多變的風場環境，達到良好的通風效果。

想要居住環境擁有好味道，比起消極使用空氣清淨機或芳香劑，加強自然通風是個省錢又有效的方法，而這就是溫度差及壓力差兩種原理混合運用的結果。傳統建築看到的太子樓，運用的就是溫度差效應，若有風吹來，還可以加上壓力差來促進通風。現在一般樓頂常見的自然通風器，當外界有風時主要運用的是壓力差來加強排風，外界無風時則藉助溫度差。

有一次到日本逛公園時，對於他們的公共廁所通風設備印象深刻。剛剛提過，運用壓力差的通風口以四面開口的效果最好，然而台灣許多大樓的廁所管道間出口僅有兩面開口，甚至因擔心管道間有雨水灌入，竟把整個管道間出口封起來，因而犧牲了整棟大樓的空氣品質。大阪公園的公共廁所用的這種設計，則與四面開口的原理相同，同時透過兩旁的管徑，可讓雨水不隨主要管徑流入室內。這種設計我之前只有在書本上看過，沒想到能親眼目睹，當時真的很興奮。

正確的管道間出口

1 浴廁有當層排氣的建築，通常能看到3種排氣口：廚房抽油煙機排煙、熱水器強制排氣，以及浴廁排氣。
2 浴廁管道間出口的自然通風器，最好高過女兒牆，排氣高度超過人的高度，在頂樓活動時才不會吸到廢氣。
3 太子樓運用溫度差來通風散熱，同時讓室內擁有好空氣。
4 四面開口的通風塔，負責地下室的通風。

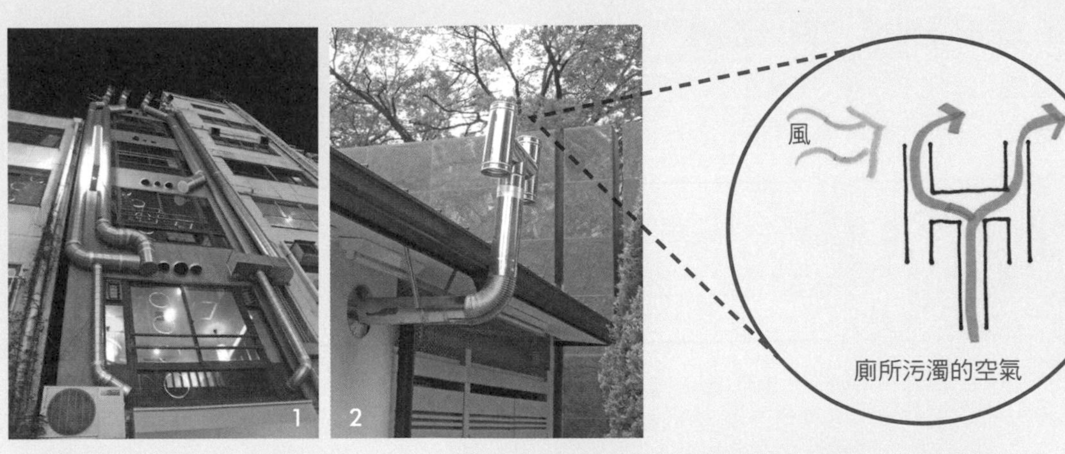

1 日本的燒烤店將排風管統一做到屋頂，讓油煙過濾後有效排出，不影響行人及環境的舒適度。
2 日本大阪公園的自然通風器。

有缺點的管道間出口

1 這個管道間雖在上方裝了自然通風器，想要藉此改善通風效果，但若下方的百葉沒有封起來，同樣會有氣流短路的問題，也就是自然通風器一直抽百葉進來的空氣，卻抽不到管道間下方各樓層浴室的髒空氣。
2 一般管道間出口大多只做 2 個面向的通風百葉，但風向不一定都能剛好將空氣帶出，有時反而會將空氣壓入，使髒空氣出不來。
3 這個屋頂的管道間只有一側開口而且面北，情況就更慘，冬天不但浴廁的臭氣及濕氣無法順利排出，還會因為灌入的冷風而凍得直發抖！
4 被束縛的自然通風器，之前有個新聞：樓下的燒炭自殺結果住頂樓的死了，就是這個原因。

臭味不知打哪兒來，原來沒有存水彎

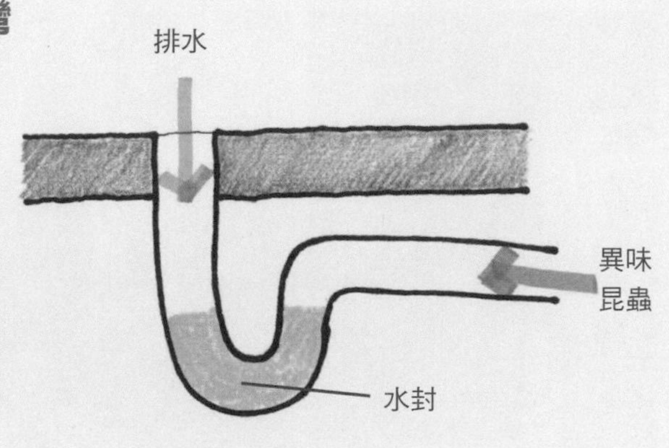

浴室臉盆的排水管一般都會有一個彎曲的設計，利用這段彎道內貯存的水進行「水封」，可以擋住臭氣逆流，並阻止蟑螂或其他病媒透過排水管道進入屋內，這就是存水彎。只要有排水功能的都一定要有存水彎，因為排水管與排水溝或污水處理池連通，少了水封，空氣便很容易竄入。

其實馬桶也有存水彎，否則化糞池的味道就會傳入家中，現勘時如果有人反應他家沒在使用的廁所很臭，那通常是馬桶的存水彎乾了，即使不常用也要定期沖水。而廚房和陽台的水槽則通常沒有存水彎，即使打掃得再乾淨，依然會有臭味。

台灣的建築物目前常見的問題是，傳統的建築沒有另外做天花板，所有排水管都埋在樓板裡，地板排水沒有做存水彎的空間，新建的建築若施工者也沒有這樣的觀念，同樣的問題仍會延續。又或者做改裝時，地板排水管若遷移，大多就只能做洩水坡度，沒有空間再做存水彎，令地板排水口成為萬惡淵藪。

然而，陽台、廚房或者現在許多乾濕分離浴廁的乾區域，這些區域的地板排水口不常需要排水。一旦長時間不排水，排水口即使是設有存水彎，存水彎內的水也會逐漸蒸發逸散，無法發揮「水封」的功能，導致臭味從排水管裡面跑出來，甚至連蟑螂等蟲子都從那兒冒出來，此時就一定要確保存水彎中有適量的水存在。

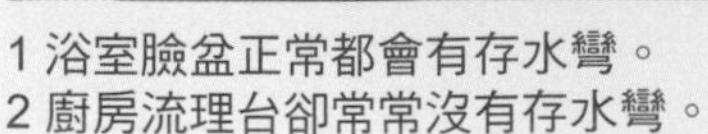

1 浴室臉盆正常都會有存水彎。
2 廚房流理台卻常常沒有存水彎。

改善手法1 隨時監測環境，即時調整通風方式

善用自然通風帶來舒適與健康

借用大自然的力量再加上一些小撇步來達到通風的目的，可以既省力又省能，其實這些原理大家早就學過，只是忘了運用在生活上。

省錢、舒適又健康的空氣

家裡的通風是否良好，開了窗是否能有效通風，必須經過仔細規畫。

為了提高家中的空氣品質，使用自然通風換氣是我的第一個選擇。但這並不表示就能隨意通風換氣喔！若是住在空氣品質好的郊區或鄉間，盡量開窗讓空氣流通絕對是好的，就像到峇里島住VILLA，都是大面開窗，讓你猶如置身戶外且涼爽宜人，所以如果家裡附近環境綠化作得好、污染少，室外空氣含氧量高，從窗外引進大自然的新鮮空氣，就會是對於室內空氣品質最好的保證，況且不用動到空調，省電效果一級棒。

如果室外氣候宜人、空氣清新又沒有蚊蟲，誰會想待在室內？

但是住在都市裡常常會遭遇兩難，因為並非所有時候都適合開窗自然通風換氣，需要時時注意室外空氣品質的變化，否則有時大量通風的結果反而會帶進熱氣、濕氣、臭氣、粉塵及室外污染的空氣！而且台灣夏季白天氣溫高達30～36℃，如果直接開窗，引入的可能是高溫悶熱的空氣；另外冬天時，如果外面的空氣溫度太低或風勢太強，也會無法開窗自然通風。所以必要時，還是要機械換氣系統的輔助。

冷暖氣機屬於一種「空調設備」，大家平常可能都比較注意它調溫或調濕的功能，但是也應該要注意它對於室內空氣品質的調節功能。畢竟空調開啟時，為了節省耗電，往往門窗都是緊閉的，此時空調若是沒有換氣的功能，室內空氣品質就會逐漸下降，很不幸的是，台灣絕大部份家庭使用的分離式空調設備並無法換氣，你以為接到室外機的管子是有換氣功能，但其實它是冷媒管，不能夠換氣，所以在此建議大家，除了裝性能好的變頻分離式空調外，最好能裝設一套具備過濾空氣中粉塵、PM2.5及有害物質功能的24小時通風換氣系統，以備不時之需。

如何判斷何時可以大量通風？何時該保持基本換氣換氣？以下為我自己的經驗歸納出的模式，因為廚房和廁所24小時不斷排氣，就可以從客廳及書房的牆壁上的進氣孔進氣，保持基本換氣量，圖說詳P24。

- 夏季外氣溫＜內氣溫→開窗自然通風冷卻，冬季相反
- 夏季外氣溫＞內氣溫→關窗保持基本換氣，冬季相反
- 夏季室內氣溫28℃以下→不開冷氣
- 冷氣溫度設定26～28℃、暖氣溫度設定21～23℃
- 濕度40～70％為舒適範圍，超過70％才需要開除濕機（冬季）或冷氣的除濕功能（夏季）除濕。

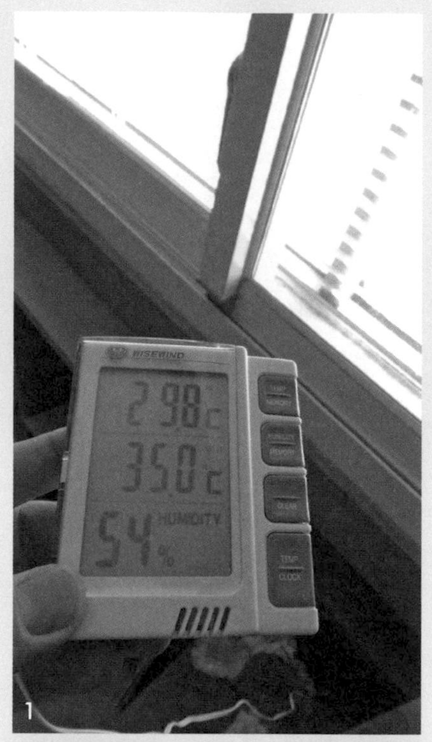

1 室內外溫濕度計是決定要不要開窗的好幫手。
2 小型氣象站室內顯示器。

那麼如何判斷室內外的氣溫差異？最簡單的就是使用室內外溫濕度計，幫助我們即時判斷何時該開窗、何時該關窗。一般在台灣看到的簡易型室內外溫濕度計，有一條延長線可將探測頭放到室外感測溫度，在國外這類產品通常是無線的，室外的溫濕度感測器會發出無線訊號傳給在室內的主機，而室內主機也有內建溫濕度計。

為了真正了解室外氣候，我在頂樓裝了一套專屬的小型氣象站，可以在客廳的顯示器上看到室內外溫濕度、大氣壓力、風速、風向、雨量等觀測值，有了這些資訊，這套小氣象站便能自動預測天氣。它的準確度不輸中央氣象局，我覺得很好用，此外，更先進的還會建議你如何穿衣及是否要帶雨傘。

由於我住頂樓，所以將這套氣象站裝在我家正上方的戶外，氣象站的風速風向計、雨量計、溫濕度計都附有一個光電板，所以無須電力便能無線傳輸資料，十分方便，只要將它放在室內接收器能接收的範圍內，並放在空曠處，就能測到準確的數據，其中要注意的是溫濕度計盡量別讓太陽直接照射，否則量到太陽的輻射熱，會有室外氣溫過高的傾向。

這樣的個人專屬氣象站在美國很普遍，因為他們的土地幅員遼闊，專業氣象站相距很遠，若僅靠當地的氣象站資訊是不夠的；尤其是自己有農場的人，要了解當地氣候就必須架設自家氣象站，才能對農業種植做出正確的判斷。

1 小型氣象站，有風向計、風速計、雨量計。
2 戶外的溫濕度計不要直接照射太陽，避免不準確。

改善手法2 混合式HYBRID
（主動Active＋被動Passive）效果約100%

冷氣室外機當做抽風機，帶動陽台空間空氣大量對流，吹乾衣物，並控制後門上方的百葉開度，抽出少量的室內空氣，適當帶動屋內換氣。

裝設排氣機，將客廳的新鮮空氣引進臥室。

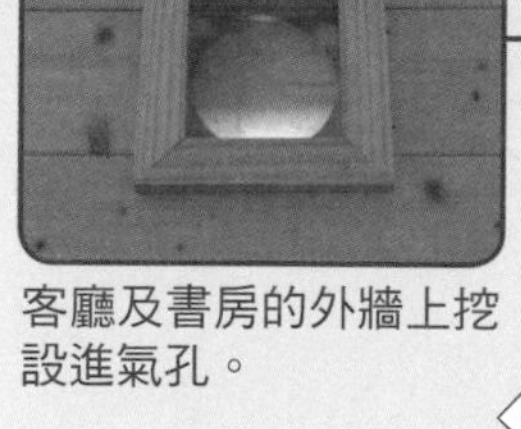

客廳及書房的外牆上挖設進氣孔。

在天花板裝設吊扇，可增加冷房效率、加速身體散熱。

全屋式換氣風扇裝置。當外界無風或吹北風時，可打開此裝置，有效通風。

臥室、書房、廚房的門板上均裝上換氣口，關上門也能通風。

臥室窗邊的排氣孔連接排氣扇，關窗也能通風。

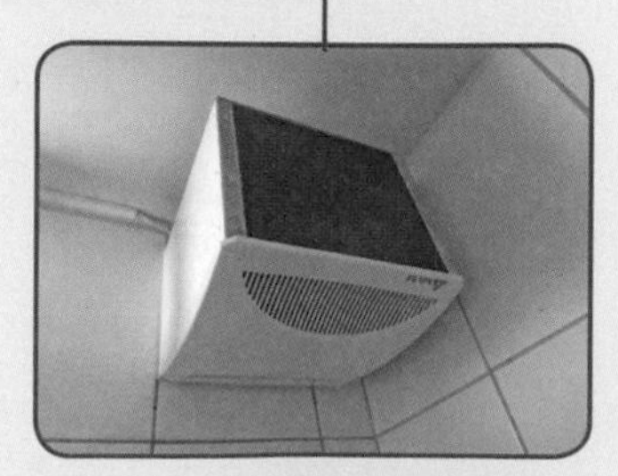

無對外窗的浴室24小時排氣。

規畫通風路徑

它是最重要的一件事卻嚴重被忽略，台灣的氣候環境為夏天吹西南風、冬天吹東北風，但是還有很多地形風場，如果家裡四面都有開窗，只要適時地調整開窗方式便能有效自然通風，不過現在的住宅型態很難能四面開窗，最慘的還只有一面，我們家則是西面和北面能開窗，而要如何讓家裡有效通風，便得先規畫通風路徑。

首先，要找出家裡空氣的排出口，一般來說廚房與浴廁是產生各式氣味與濕氣的地方，所以要排在通風路徑的末端，而臥室與客廳就成為引進新鮮空氣的入口，當大家都在客廳活動時，客廳就成為新鮮空氣的主要引入口，當大家都回房休息時，臥室則變成新鮮空氣的主要引入口，重點是主要空間需要較大量的新鮮空氣，次要空間次之，最後從廚房及廁所排出，而且為了保證基本換氣量，一定要24小時通風換氣運轉。

以我們家為例，客廳和書房的空氣從窗戶引進後，要想辦法讓它從廚房排出，夏天很容易，但冬天因為風向不對就要藉助排氣扇；臥室則從客廳和書房引進空氣，髒空氣從北側泡澡陽台排出。初期使用的是一般排氣扇，耗電功率約25W，而且2年後便掛了，後來改用一樣排氣量（每小時約85立方公尺）但是只要3W的排氣扇，24HR運轉超過6年了，目前都還在運轉。

當外界的風無法順利地進入室內時，就得靠些機械設備來輔助，但如何使用卻不用花太多的電，就讓我來一一介紹給大家吧！

確保通風換氣路徑順暢

如果窗戶及房門沒有氣窗設計，臥室便會有空氣不流通的問題，為了讓每個臥室在關閉門窗時，也能換氣維護空氣品質，可以將房門修改成有通氣口的型式，或是在可以對流的牆壁位置裝設通氣口，不然在臥室睡覺時呼出的二氧化碳濃度會提高，讓人越睡越疲倦；若室內裝潢的材質含有具揮發性的有機物質，情況還會更糟。

我家的主臥室及次臥室是上下兩層的夾層屋，唯一的開窗朝北，冬天北風太冷而無法開窗，所以我將主臥室門旁的側牆開了一個口、下面次臥室則在門上開了一個口，負責進氣。另外我做了一個排氣的集風箱構造，裝上一台排氣扇，可同時排出主臥室及次臥室的空氣，為什麼要同時排呢？因為排氣扇每小時可以排出約85立方公尺的空氣，每人每小時的換氣需求是20立方公尺，一台排氣扇只一負責間臥室時，換氣量會太大，有開空調時會耗費能源，而我們家一間臥室最多2個人睡覺，一台排氣扇的排氣量恰好是兩間臥室4個人的基本換氣量。

臥室通風換氣改善工程

STEP1上方臥室的外側牆面開孔讓空氣進入臥室。

STEP2內側裝上可控制的通風閘門。

STEP3將臥室門下的門縫封好，避免冷氣外洩。

STEP4打開可看到客廳的光線，表示空氣進得來。

STEP5孔的外側用五金行就買得到的百葉封好。

STEP6下方次臥室的門也做好可控制的通氣口。

STEP7自行製作讓兩個臥室可同時排氣的集風箱構造。

改造資訊

1. 材料：可調整閘門、通風百葉、軟管、套管配件、排氣扇、松木、螺絲、角鐵
2. 工具：電鋸、電鑽、榔頭、量尺
3. 成本預估：2,200元

序號	項目	數量	單價（元）	金額（元）
1	可調整閘門	2個	350	700
2	通風百葉	4個	100	400
3	軟管	6m	100	100
4	套管配件	2組	50	100
5	排氣扇	1台	1,000	1,000
6	松木	1式	200	200
7	其他（螺絲、角鐵）			100

4. 省下工資：4,900元（約1.5天的工作量）
5. 進氣和排氣的開孔位置應採以一上一下，並以該空間的最長距離來設置為佳，才能讓空氣徹底流通。

24小時通風換氣系統

當夏天室外溫度低於室內，或冬天室外溫度高於室內時，便可採自然通風，但有時外界無風根本無法進行自然通風，或窗戶的可通風面積過小，無法以自然方式大量通風，便可於通風路徑末端裝置抽風扇，強制將空氣排出，讓新鮮空氣可以從客廳或臥室等開窗處進入室內，達到全屋換氣的目的。

我家廚房通往工作陽台的門上方原本是固定玻璃，雖可採光但無法通風，炒菜時怕爐火被風吹熄而關門，使得廚房的換氣一定要靠排油煙機，傳統的抽油煙機十分吵又耗電，後來請師傅將玻璃拆掉換上可調角度的鋁百葉，讓廚房的門關起時也能自然通風，但又發覺風有時是從廚房吹進客廳，所以再裝了個抽風扇才解決這個問題。

全屋式換氣風扇裝置工程

STEP1原本是採光用的固定玻璃。

STEP2改成活動百葉。

STEP3拉線接抽風扇。

STEP4完成。
改裝後通風效果非常好。

改造資訊

1. 材料：活動鋁百葉、抽風扇、松木、電線、螺絲
2. 工具：電鋸、電鑽、剪線鉗、接線器
3. 成本預估：2,700元
4. 省下工資：3,000元（約1天的工作量）
5. 建議：抽風扇要選擇靜音型，百葉及抽風扇的控制開關要設於廚房側，非陽台側。

序號	項目	數量	單價（元）	金額（元）
1	活動鋁百葉（含工資）	1座	1,000	1,000
2	抽風扇	1台	1,400	1,400
3	松木	1式	200	200
4	其他（電線、螺絲）			100

廚房也需要24小時排氣

既然廚房是通風路徑的末端，就必須24小時排氣，門窗敞開自然通風有可能將廚房的油煙或濕氣帶進其他空間，甚至鄰居家的油煙也會竄入。

我們家雖然在廚房門扇上方裝了全屋式換氣扇，但由於排氣側是工作陽台，有時陽台晾滿衣服，如果想要快速地將廚房高處的熱氣排除，很容易就將炒菜的油煙排到剛洗好的衣服上。所以我後來又在靠近天花板的地方裝了一台變頻排氣扇，24小時低速排氣、炒菜時切換成高速，終於解決了問題。

全屋式換氣扇和抽油煙機現在都有出變頻機種，想要讓廚房24小時排氣又省電，變得越來越簡單。

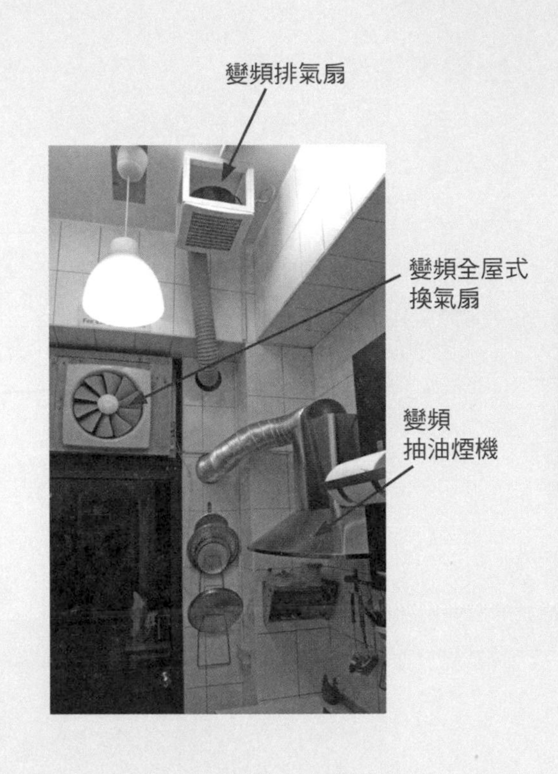

改善手法3 使用空調，也要注意新鮮換氣

使用冷氣時大家都知道要關門關窗，避免冷氣外洩而浪費電，但如果沒有適度引進新鮮空氣來換氣，就會造成室內二氧化碳或有毒物質濃度越來越高，這種情形最常發生在一群人聚在一起上課、開會、看表演的場所，其實在台灣各式各樣的集會空間都有換氣不足的問題。另外冬天時吹冷氣的需求較低，有些場所便將空調關閉，連換氣都不開，讓上述情形變得更為嚴重。

家裡也一樣，所以我將冷氣室外機放在陽台內側，並將室外機的吸氣與散熱做區隔，且在散熱區上方裝自然通風器加速散熱，因為自然通風器背面有牆擋住某些時候的風，所以不一定會轉，不轉的時候就沒有拉空氣的作用，只能靠熱空氣慢慢上升排出，效果比較差，如果要效果好就得拉高超過女兒牆，後來覺得只要直接排出即可，台中辦公室有改良版，省錢多了。

另外在客廳及書房的外牆上挖設進氣孔，安排好室內的通風路徑，並利用冷氣室外機的散熱風扇產生的大負壓，將陽台的窗戶打開拉動空氣進行換氣，還可以順便快速風乾工作陽台晾的衣服。

我在外牆上挖的進氣口內側貼上冷氣用的濾網，由於每天下午西曬窗一定會關閉內側，在家工作的我們就靠進氣口換氣，發現濾網3個月就黑了，可見外面的空氣有多髒，我們也因為進氣有過濾，不需要太常打掃。

吊扇幫助空氣流動

吊扇可以協助冷熱空氣迅速拌和、迅速冷卻增加冷房效率，也可提供一個適當的風速讓身體皮膚毛孔較容易散熱，但若挑高的空間上方沒有排熱措施，就不適合裝吊扇，因為容易將熱空氣往下送，可改成水平送風的壁扇或立扇，並盡量選變頻的。

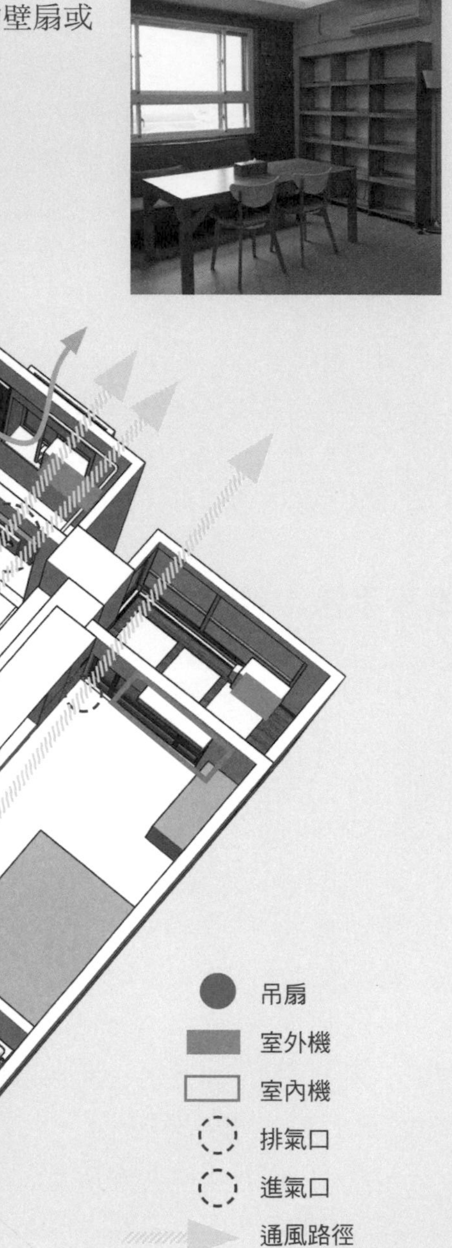

低耗能進氣排氣工程

STEP1請師傅在客廳、書

STEP2通氣孔內側貼上過濾空氣的濾網，外側裝上附防蟲網的遮雨罩。

STEP3散熱用的自然通風器。

STEP4請鋁窗師傅裝上自然通風器。

STEP5左邊百葉是讓空調室外機直接排熱，右邊突出的是加裝自然通風器排熱，其實只要將空調的排熱側露出即可。

STEP6用松木以及PC板將室外機的吸氣側與排熱側做好區隔，就能讓工作陽台有效通風。

STEP7用松木以及PC布將室外機的吸氣側與排熱側做好區隔，泡澡陽台一樣十分通風。

1 台中辦公室的改良版，室外機排熱側直接開放於室外側。
2 潔白的濾網3個月就黑了，我們還住在車流量很少的地方，並且位於七樓。

改造資訊

1. 材料：自然通風器、松木、PC板、螺絲
2. 工具：電鋸、電鑽、量尺
3. 成本預估：5,800元（冷氣和鋁窗是本來就要做的，這部分呈現的成本是為了換氣功能而加做的）

序號	項目	數量	單價（元）	金額（元）
1	外牆洗洞（含工資）	3個	500	1,500
2	遮雨罩（附防蟲網）	3個	300	900
3	自然通風器（含工資）	3個	1,000	3,000
4	松木	1式	100	100
5	PC板	1式	250	250
6	螺絲	1式	50	50

4.工資：3,000元（約1天的工作量）

改善手法4 門、窗不漏氣，冷房暖房效益更高

許多人家的大門及房門門板下，通常都有大約1～2公分的門縫。夏天一開冷氣，門縫就會洩出冷氣，冬天時則會源源不絕地灌入冷空氣，不但浪費冷氣、增加空調耗電量，冬天甚至需要開暖氣。

因此，我在大門周邊加裝氣密墊條加強氣密性，每個房門的門縫也裝設軟質的橡膠門擋。由於新做的內層窗戶氣密墊條還很完整，所以不用改善之前原來窗戶氣密性不足的缺點；但如果你也遇到相同的問題，一勞永逸的方法就是改裝成氣密窗。

大門縫隙的DIY氣密條。

1 房門下加裝軟質的橡膠門擋。
2 新窗戶的氣密條。
3 第二層窗可改善原來窗戶氣密性不足的問題。

加強門窗的氣密性之後，夏天冷氣不外洩、冬天冷風不會灌入，在隔絕噪音的效果方面也很不錯。如果很難改善窗戶的氣密性，也可以選擇厚一點、長度及地或及窗檯的窗簾，這樣可以阻擋部分冷空氣或熱空氣竄入室內。

也許有人會覺得很矛盾，前面幾個手法都在教大家怎麼通風，為何這裡又說要確保門窗的氣密性呢？因為當室外空氣品質太差不適合開窗通風時，就得想辦法過濾後再進氣，此時房子的氣密性便顯得很重要，否則許多污染源都會從漏氣的門縫或窗縫進來！

改善手法5 計量換氣，確保引進新鮮又適量的好空氣

如果你家就住在大馬路旁，平時經過的車輛很多，各種商店比如小吃店或洗衣店就在附近，開窗通風換來的可能是車輛的廢氣、灰塵、油煙或夾雜有害物質的劣質空氣；又或者住在鄉間但是附近有工廠，也可能吸到有問題的空氣。

所以，如何確保進入家中的空氣是清新、安全、無塵，利用現代的通風設備來控制是個好方法，例如計量換氣的想法，便能擁有省能的好空氣。

隨時調整換氣需求，更聰明

我們很羨慕日本等先進國家，會以設備透過「計量換氣」的方式進行室內換氣通風。這套設備會依據室內人數對氧氣的需求，引進適量的新鮮空氣，而這些新鮮空氣進入室內之前，都會先經過機器過濾除去灰塵及一些不好的污染物質。目前台灣也開始引進這些技術，我們的生活環境也能更加健康舒適。

日本的換氣方式是採用持續24小時運作的計量換氣方式，但先決條件是房子對外的氣密性要很好，計量換氣才有意義。換氣設備的進氣端會依室內需求不斷地引進並過濾出好的新鮮空氣，而排氣端則排出汙濁的髒空氣，持續循環換氣，這樣才能確保整間房子的空氣都是新鮮、安全的。一般計量換氣設備的計量方式，是依據室內人口數或二氧化碳的濃度來控制進氣量，當新鮮空氣需求小的時候，風量就小，風扇的耗能量也小。

換氣同時又能冷熱交換，空氣新鮮不耗能

如果要斤斤計較有沒有更省能的方式，就要靠全熱交換器了。

所謂「全熱交換」，就是回收運用污濁空氣的熱量，例如夏天室內的空氣溫度比較低、室外比較高，如果引進室外新鮮空氣就會讓室內溫度上升、增加冷氣的負荷，此時若將要排出去的低溫髒空氣，與要吸進來的高溫新鮮空氣，在溫度上做熱交換，便能使新鮮空氣進屋前先降溫、省去冷氣的電費。

全熱交換器在做空氣的熱交換時，會將進入的新鮮空氣有效過濾，並加入計量換氣的功能，才能達到節能的目的。台灣已開始買得到這類產品，全熱交換器位於空氣交換處，並利用風管做分配，讓每個空間的換氣次數及空氣品質不互相干擾，加上溫度一併控制，便能更進一步得到節能又新鮮的空氣。

由於全熱交換器加上風管分配系統，整體費用頗高，而且最好在裝修階段就考量進去。在這裡我要強調，不是只有「全熱交換器」才能換氣，像我們家只有牆壁挖個洞進氣，廁所24小時排氣，一進一出，也達成了基本換氣量的需求，設備及施工費不到「全熱交換器」的百分之五，廠商說它可以節省空調費用，以目前台灣很多場所根本沒有換氣，然後說裝置「全熱交換器」來換氣可以為空調設備節能省電費，您說是不是很矛盾？

再者，「全熱交換器」大部分用於溫帶已開發國家，冬天外面零下10℃、室內20℃的換氣需求，此時室內外溫差是30℃。但是台灣夏天室外35℃、室內27℃，室內外溫差8℃，到底省下的換氣熱負荷是多少空調電費？到目前為止，尚無學術單位的研究報告。它在台灣多多少少可以節省一點換氣熱負荷造成的空調耗能，但是我相信CP值絕對不高。

如果想要關窗並引進過濾後的新鮮空氣，但又不想用我們家的方式，可以選擇風機搭配過濾箱，再接上風管分配到每個空間，髒空氣則從廚房及廁所排出，這樣可以省去全熱交換器的設備費且耗電量較低（全熱交換器有2個馬達、風機有1個馬達），也比較適合台灣地區。

圖解 日本24小時換氣系統

以下是日本通風換氣方法介紹，我們家使用的方式就是類似日本法訂的第3種換氣法：自然給氣、機械排氣。

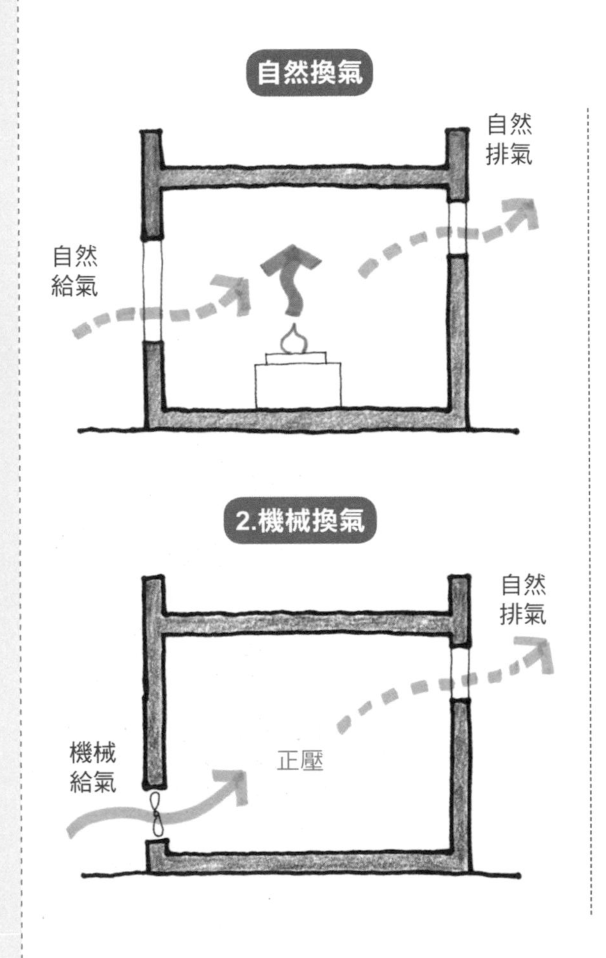

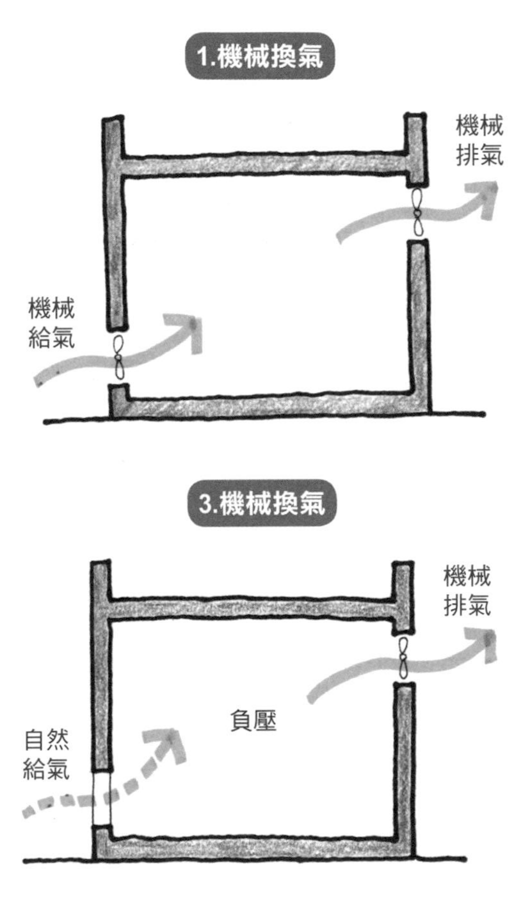

全熱交換器統一用風管連接各空間的通風口來控制全屋的換氣量，進氣和排氣都經過全熱交換器，要注意進氣口和排氣口離得越遠越好，我之前看過一個豪宅的案例，全熱交換器的進氣口和排氣口相鄰，而且藏在前陽台的天花板裡，要排出去的髒空氣又馬上被吸回，即使有濾網過濾，但還有氧氣的問題，所以要特別注意。

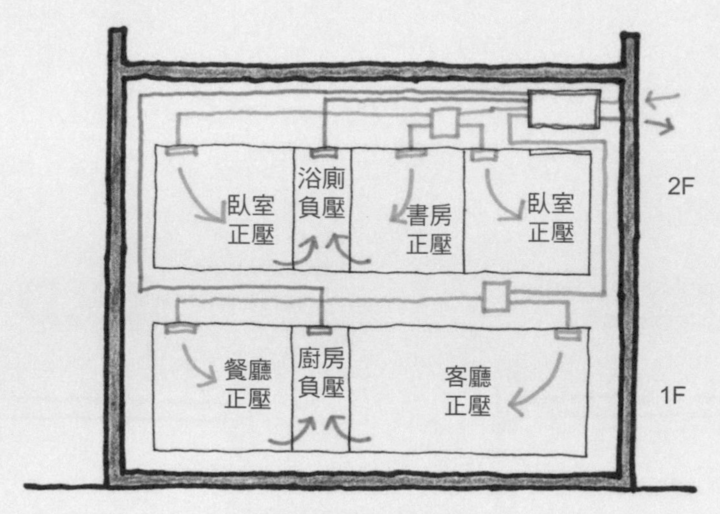

全熱交換換氣系統

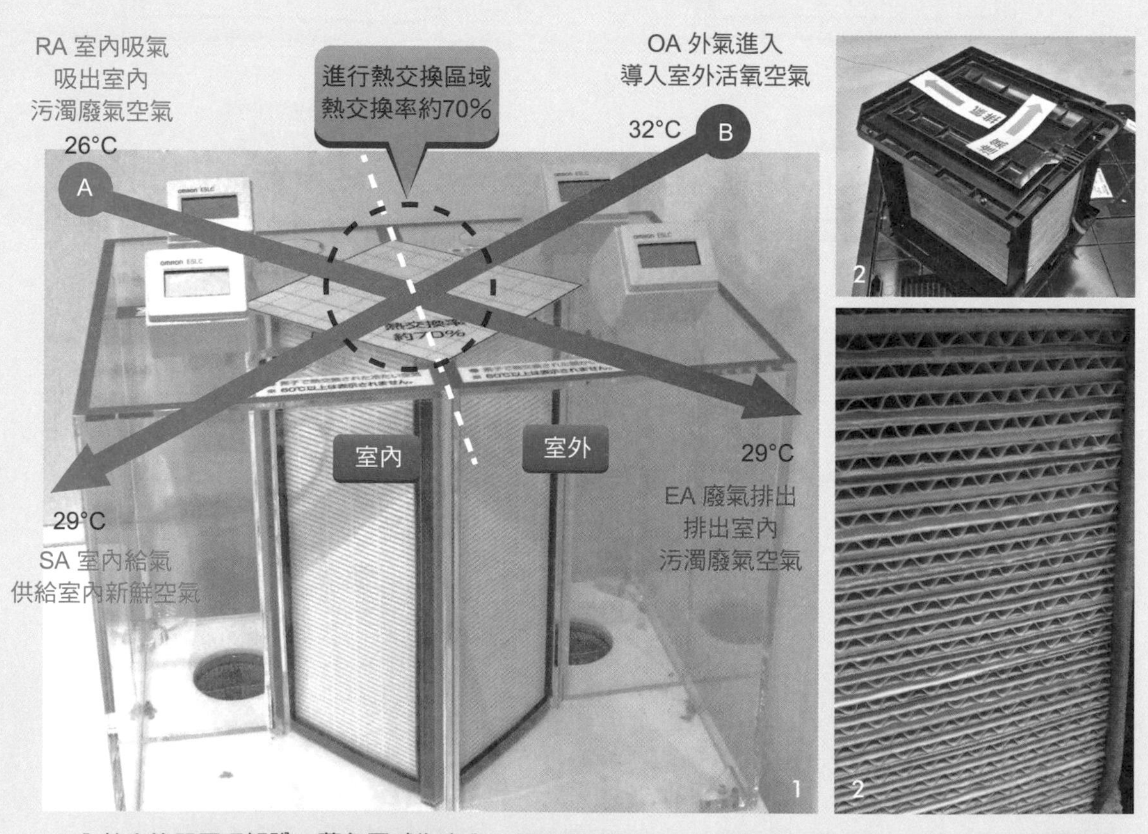

1 全熱交換器原理解說：藍色區域為室內、紅色區域為室外，溫度低的室內污濁空氣（RA）與溫度高的室外新鮮空氣（OA）被吸進全熱交換器做溫度上的交換，過濾後較低溫的新鮮空氣（SA）被送進室內，而較高溫的污濁空氣（EA）則被排至戶外。

2 全熱交換器的心臟——紙作成的顯熱潛熱氣對氣熱交換器。

改善手法6 增加室內對流通風量，讓有毒物質的濃度降低

大量開窗通風可降低室內有毒物質的濃度，但前提是室外空氣是乾淨的，有時候附近鄰居裝潢或戶外鋪柏油、燒紙錢等，飄進來的空氣品質恐怕更糟。

如果人不在家時為了防盜無法開窗，又不想在外牆洗洞，也可以選擇有通氣孔的窗戶，但須跟廠商確認灰塵是否會堵住通氣孔，平時該如何檢查及清潔。

有氣窗最通風

1 室外空氣品質好時不妨敞開窗戶通風。
2 下方設置開口進氣，對面再打開高處的窗排氣，就能有效促進通風。
3 窗框上方有一排通氣孔，可供關窗時微量通風。

一個空間最好有不同朝向的兩個開口，讓空氣能自然流通，但現代的住宅型態似乎不容易做到，常常關上房門只剩一扇窗能開啟，若房門的氣密性太好，窗戶開了也無法讓空氣流通。

以前的窗戶和門扇上方都有氣窗的設計，是天氣太冷或下大雨關閉下層窗、睡覺時關閉房門時仍能保持通風的好幫手；然而近代建築因為樓高的限制、噪音的避免、流行的美感等原因，氣窗的設計已漸漸消失。

早期的建築一定有氣窗的設計。

1 為改善通風在門上方加裝氣窗。
2 將透氣孔設計進門扇中，美觀又實用。

所以窗戶上方有氣窗較佳，大面固定窗雖能無阻礙地欣賞美景，但別忽略通風問題。而門扇的通風也不可忽略，最好在門上方或門板上設置通氣孔，讓門即使關著也能通風。

改善手法7 擺放吸附有害物質的植物、竹炭或備長炭（白炭）

若為能淨化室內空氣的植物排名，波士頓腎蕨移除揮發性有機污染物的能力最佳，而且放在室內也很容易養護，只需要充足的水分；非洲菊及印度橡膠樹則排名第二，其中非洲菊移除室內VOCs的效率極高，印度橡膠樹則很耐旱、易養護，常用來作為行道樹；具有淨化空氣能力的其他植物還有：檸檬千年木、白鶴芋、長春藤。但是提醒大家在室內種植植物會導致空氣中濕度增加，真菌濃度也會增加，建議盡量在前陽台或窗檯外種植，因為是通風換氣路徑的前端，植栽具有沉降粉塵、分解甲醛及VOCs的作用，以避免室內濕度過高。

竹炭或備長炭是竹子或木材經過高溫處理，炭化後產生許多細小的孔隙，可以吸附濕氣、異味等，我們家的各個角落都有放，尤其是不通風的櫃子裡，放些竹炭或備長炭便能有效吸附異味，無法再吸附異味的炭可敲碎後作堆肥，比起化學製的除臭劑或乾燥劑來得健康又環保。竹炭或備長炭還有美化的功能，我們的次臥室因為空調冷媒管外露，被海韻念了很久，後來我作了一個架子，讓備長炭能擋住冷媒管，既美觀又健康，我的耳根子也終於清靜了些。

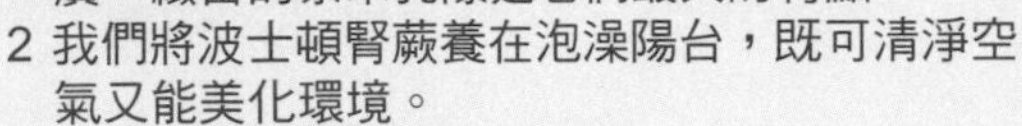

1 左邊是竹碳，右邊是備長碳，可運用的範圍很廣，緻密的奈米孔隙是它們最大的特點。
2 我們將波士頓腎蕨養在泡澡陽台，既可清淨空氣又能美化環境。

如果揮發性有機化合物的來源是櫥櫃，將能吸附有害物質的植物、竹炭或備長炭放在附近會更有效，因為櫥櫃附近的有害物質濃度較高，若污染來源是窗外，則可放在窗邊，加強過濾空氣的作用。

如果要採購備長炭，可直接去木炭行跟老闆說要買烤鰻魚使用的木炭，一箱一箱的買，價格最划算，若用來調節濕度，基本上沒有使用年限的問題，在日本是把備長炭弄成小顆粒，塞進透氣不織布袋中，在地板夾層、牆壁內、天花板內到處放置，在台灣也有木工師傅把等級較低的木炭一袋一袋放在架高的和室地板內，雖然有粉屑，但因地板最後是封起來的，倒也不會造成困擾。如果想買竹炭，要特別注意價格，因為在台灣竹炭價格已被哄抬得很高。

備長碳

備長炭是日本的一種木炭，源自於江戶時代的元祿年間，由和歌山縣田邊市的備中屋長左衛門開始製作這種木炭因而得名。備長炭使用了現成和歌山縣官方樹木的橡木（Quercus phillyraeoides）作原材料，以高溫蒸燒製作而成。其外觀上有一層泛銀白的灰色，炭化溫度約攝氏一千度以上，一點燃可維持長時間，可做多種其他用途。備長炭近年成為白炭的代名詞，亦有在日本國外如中國等地生產，及使用其他木炭品種，但在2004年以後，由於中國以森林保護為理由，不再對日本輸出木炭產品，令日本國內的備長炭供應大幅減少。擁有細緻而優良的質素，燃燒時火力強而猛烈，因此成為日本料理店，如鰻屋及串燒店等燒烤食物時使用的燃料。目前品質最好的備長炭，為櫸木燒製而成的櫸木備長炭。

參考資料：維基百科

備長碳美化冷媒管工程

STEP1製作一個架子。

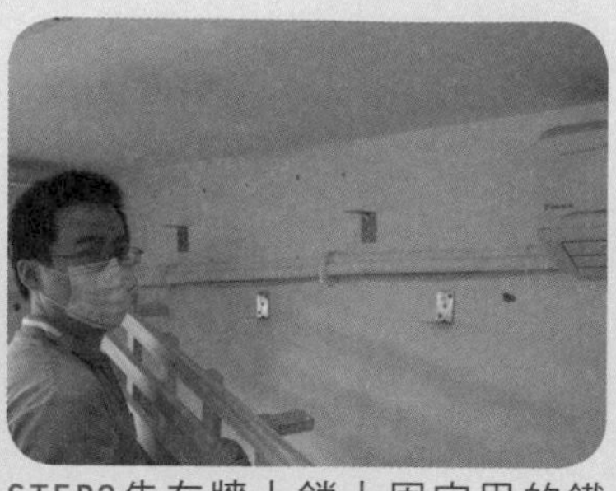

STEP2先在牆上鎖上固定用的鐵件。

STEP3放上架子後固定。

STEP4放備長炭。

淨化室內空氣能力的植物前三名

淨化室內空氣能力			照顧難易度	最適宜區
揮發性有機污染物移除能力排名	甲醛、三氯乙烯移除能力	降低二氧化碳能力		
1. 波士頓腎蕨	十顆★	十顆★	・耐蔭 ・需水量大保持介質濕潤 ・20-30℃有利葉片伸長抽出	・書桌、茶几、窗檯和陽臺。 ・吊盆懸掛於客室和書房。 ・陰性地被植物或佈置在牆角、假山和水池邊。
2. 非洲菊	九顆★ 早期美國太空總署（NASA）肥，但切忌淹水。的研究指出非洲菊移除室內VOCs的效率極高，每小時可移除密閉室內中4485μg的苯及1622μg的三氯乙烯，其淨化效率甚高。	十顆★	・非洲菊宜於窗檯的明亮全光照，需避免正午太陽直射 ・介質表面乾燥時澆水或施以液肥，但切忌淹水	
3. 印度橡膠樹	九顆★	十顆★	栽培容易，喜高溫多濕，耐旱，好明亮的環境。	庭園、道路列植喜好明亮的環境，置於窗邊最好。

備註：參考行政院環境保護署編印《淨化室內空氣植物手冊》

改善手法8 排氣裝置有逆止閥門，異味不逆流

在無對外窗的浴廁裡，水氣及異味需要靠排氣扇抽出，排氣扇多半有逆止閥門，功用是當開啟排氣扇電源時，它會被排出的空氣掀起；電源關閉時，則可擋住逆向進入的空氣，但是很多水電師傅在安裝的時候把它拆掉，匪夷所思。

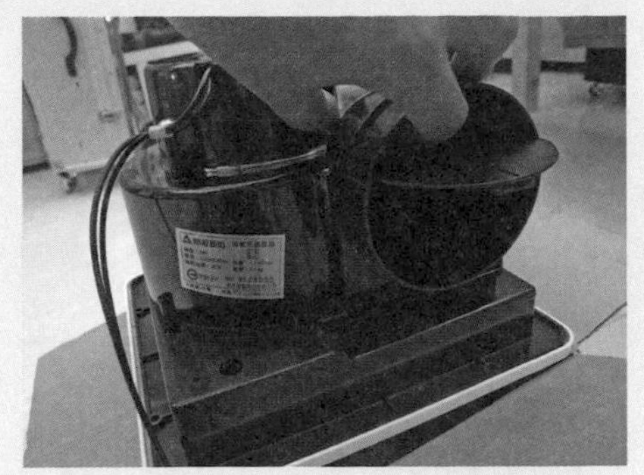
浴廁的排氣扇若不打算24小時開啟，一定要有逆止閥門，而且運作正常，我常常看到因為與風管連接不當導致閥門卡住闔不上，髒空氣便因此逆流。

我家由於是夾層屋，浴廁的排氣扇是裝在壁面，與一般人裝在天花板的不同，因為剛搬入時發覺臭氣、蚊子一大堆，拆下來看後發現果真沒有逆止閥門，所以我自己做了一個，後來自製的逆止閥門被灰塵塞住，只好自行換裝一台附有逆止閥門的排氣扇，解決了臭味逆流的問題。

最後我發現一款超省電又耐用的排氣扇，但只能裝在天花板，所以我配合這款排氣扇自己做了4個箱子，分別裝在2間浴廁、廚房和泡澡陽台（負責2間臥室的通風），4台24小時運作1年的電費不到400元，卻能保障全屋的換氣，十分超值！

浴廁排氣扇24小時開啟，徹底排出臭味

因為我家的排氣扇與照明是同一個開關，每當開啟浴廁的照明燈時，同時也會啟動排氣扇。但是上完廁所後需要讓排氣扇運轉一段時間以排掉臭味，可是照明也跟著亮起，而且我經常忘記過些時候要把排氣扇和照明關掉，非常耗電。所以我將排氣扇與照明的開關分開，如此一來，當使用完浴廁時可將照明關閉，排氣扇則持續運轉，把臭味及濕氣排出浴廁，一直開著也能滿足家中基本換氣需求。

廁所排氣扇更換工程

STEP1舊的排氣扇既沒有逆止閥門，也沒有過濾裝置。

STEP2捨不得換掉還沒壞的排氣扇，我自己做了個逆止閥門附防蟲網。

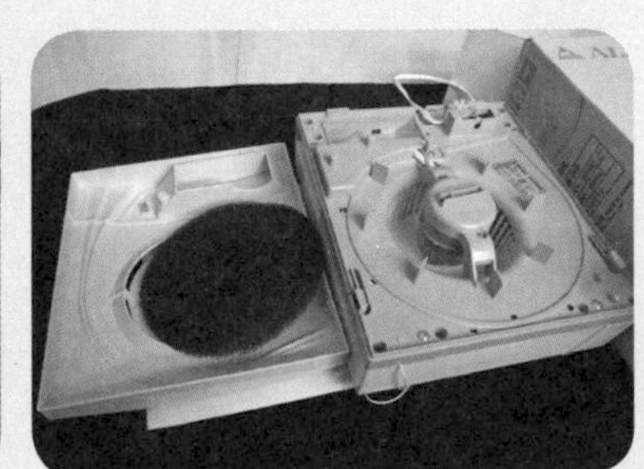
STEP3新的排氣扇有靜音馬達及濾網，讓灰塵不易卡住逆止閥門。

STEP4將紙條貼在洞口，可看出風是由外灌入室內。

STEP5完工

改造最終版：超節能變頻排氣扇

改造資訊

1. 材料：排氣扇、松木、螺絲、矽力康
2. 工具：電鋸、電鑽、撥線鉗
3. 成本預估：1,800元

序號	項目	數量	單價（元）	金額（元）
1	排氣扇	1個	1,650	1,650
2	松木	1式	50	50
3	其他（螺絲、矽力康）			100

4. 省下工資：1,500元（約0.5天的工作量）
5. 建議：濾網要定期清洗。

抽油煙機也需要逆止閥門

我家廚房抽油煙機排油煙管的材質不好、軟弱無力，導致每次開抽油煙機時都震動得很大聲，再加上外面的風會灌入，蚊子好像也會由此飛進來，所以我便做了一個大改造。

首先當然是要先拆掉原有材質不佳的排煙管，換上材質強韌的排煙管，再裝上我特製的逆止閥門機關，從此再也沒有風逆流、蚊子飛進來的問題了。

抽油煙機逆止閥門安裝工程

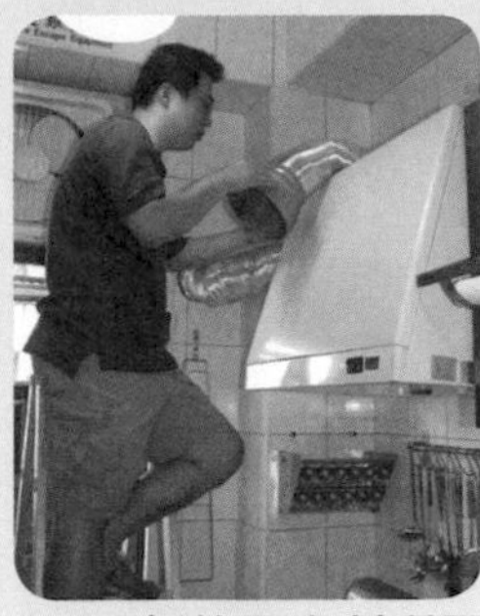
STEP1拆掉原有材質不佳的排煙管。

STEP2換上材質強韌的排煙管。

STEP3製作具有逆止閥門的機關。

STEP4只有開啟抽油煙機時閥門才會被抽油煙機往外抽的風掀起。

STEP5於連接處用強力膠布封好。

STEP6完工

改造資訊

1. 材料：排煙軟管、連接用硬管、松木、PC板、螺絲、角鐵、強力膠布
2. 工具：電鋸、電鑽
3. 成本預估：600元

序號	項目	數量	單價（元）	金額（元）
1	排煙軟管	1式	100	100
2	連接用硬管	1式	200	200
3	松木、PC板	1式	200	200
4	其他（螺絲、角鐵、強力膠布）			100

4. 省下工資：3,000元（約1天的工作量）
5. 建議：現在已有現成品可以購買，不用再自己做了。

改善手法9 排水口就是要有水封

廚房流理台和工作陽台的水槽常常是異味飄出的來源，這都是因為缺乏存水彎的設計。而廚房、浴室及陽台地面上的排水孔，除了洩水坡度要做好、讓排水順暢不積水之外，排水管一定要有水封。

有存水彎但不常使用的排水孔，必須定期倒入一小杯水，因為存水彎中的水分蒸發後就沒有水封的功能；或者換上目前市面可買到的一種可開關排水口的鐵件，要排水時用手扳開，不排水時用手關上，不過由於氣密性沒有很好，要完全杜絕就得將排水口換掉。

此外，若將地板排水與面盆排水設計成共用一個存水彎，也可有效杜絕存水彎的水分蒸發，解決失去「水封」功能的問題。

還有，日本浴室的地板排水做得既美觀又不易阻塞，除了排水口本身能有效阻擋毛髮等異物，還設計一個與地板一樣材質的蓋板，讓排水口在浴室裡不再顯得突兀。

1 水槽的排水可以自己用強力膠布做出存水彎
2 廚房流理台的存水彎，購買適當的配件就能將所有排水集中使用一個存水彎。
3 日本一體成型浴室的排水口。
4 不常使用的排水孔裝上鐵件，平常不用時關閉。
5 要用時再開啟。
6 將天花板的維修口掀開若看到樓上鄰居的排水系統存水彎，那恭喜您家通常也會有。

現在有許多改善排水口水封問題的產品可以選擇，有些是簡易DIY型，有些則需要挖除重裝。

改善手法10 加裝自然通風器，臭氣通通跑光光

浴廁除了排氣扇有逆止閥門、風管確實連接至管道間外，屋頂的管道間出口也必須進行改善，方法是在管道間加裝自然通風器，自然通風器的原理是利用氣流的正負壓力差來拉拔空氣，空氣都有壓力，壓力大的為正、小的為負，從正的流向負的是自然現象，自然通風器周圍的阻礙越少、拉拔空氣的效果越好，這樣每戶浴廁的濕氣、異味均會被抽出，不會滯留。

還有一種作法是通風塔，原理與自然通風器相似，但由於通風塔開口的面積比自然通風器大，效果也會比較好，只是成本會比較高，施作困難度也會高一些。自然通風器及通風塔除了同樣有不需電力的優點外，還有就是可以讓空氣只出不進，也就是風不會倒灌，保證空氣可以一直被抽出。另外，排氣口的高度最好高於人的頭，在屋頂觀賞風景時才不會一直聞到浴廁抽出來的味道。

改造自家的同時我們也改造了社區，因為社區公共空間屬於所有住戶，公設環境不好、自家環境也很容易有問題，自從管道間自然通風器完工後，因為一直保持排氣的狀態，將浴廁的空氣持續抽出，改善了外面的風倒灌進浴室、住戶之間的污濁空氣互相干擾、聞到別人的臭味及煙味等情形。

浴廁管道間出口改善工程

STEP1管道間改善前僅有兩側裝有通風百葉，效果不佳，如果四面都有百葉並拉高超過女兒牆，就是排氣良好的通風塔了。

STEP2將管道間其中一側的百葉封起來。

STEP3管道間另一側裝設自然通風器，並將自然通風器的高度盡量提高，支撐架要做好才不怕強風。

STEP4完工。

改造資訊

1. 材料：自然通風器、不鏽鋼風管、不鏽鋼板、螺絲、矽力康
2. 工具：電鑽、鐵鎚
3. 成本預估：30,000元
4. 建議事項：
   （1）其中一面通風百葉要確實用不鏽鋼板封好。
   （2）另一面通風百葉及紗網拆除，通風量才會大。
   （3）不鏽鋼風管與管道間連接處要做好洩水，避免風雨大時雨水倒灌。
   （4）自然通風器的高度以高於人或女兒牆為佳。

購買指南

材料名稱	推薦品牌	哪裡買	備註
DC直流換氣扇	台達電	綠適居社會企業網路商店 http://www.pcstore.com.tw/soenergy/	節能、安靜、保固3年
室內外溫濕度計	WISEWIND	綠適居社會企業網路商店 http://www.pcstore.com.tw/soenergy/	穩定、校驗準，一顆電池可用10年
二氧化碳濃度計	熱映光電	綠適居社會企業網路商店 http://www.pcstore.com.tw/soenergy/	校驗準
通風塔	風尚強	大柱國際工程有限公司 （03）3490316	
護木油	魯班	魯班塗料有限公司 （04）25156080	國產品，台灣第一家自製天然塗料
環保接著劑	KONISHI	崇越電通股份有限公司 （02）27513939#218	日本進口F****
全熱交換器	康乃馨	永聖貿易股份有限公司 （02）25167189	日本進口，小容量價格合理
全熱交換器	三菱	達冠科技股份有限公司 （02）25231155	需搭配全屋式空調系統
空氣淨化箱	阿拉斯加	水電材料行	下訂叫貨
進氣風機	阿拉斯加	水電材料行	下訂叫貨
灰泥	白堊紀KRE-IDEZEIT	自然材股份有限公司 （03）3233770	天然無毒透氣塗料
各式木料	無	永誠建材行 （02）25537028	代客訂購、裁切、送貨
有逆止閥排水口	雅麗家ERIC	博麟水電材料有限公司 （04）23258210	可上網找指定經銷商訂購
抗強風排煙罩	小飛碟UFO	泓富實業有限公司 （02）22860829	
抽油煙機逆止閥門	JUYAO	聚耀國際有限公司 （02）59579586	

備註：市面產品眾多，只要用本書的材料名稱上網搜尋，便可找到相當多的資訊，以上是我們用過覺得不錯的產品，選購時還是要謹記貨比三家不吃虧的原則。

我家西面幸運地擁有大面明窗，視野開闊，白天可盡情使用太陽天然的可見光；每當黃昏時分，我們總是喜歡打開那扇窗，享受夕陽餘暉的映照。此時的太陽特別柔和，眼睛可以直視，還有著溫暖的色澤，常常讓我們舒舒服服的待在那兒不想離開。

Chapter 3

打造宜人的光環境

給我溫和好光線
白天自然採光好，
晚上燈光美、氣氛佳

讓自然光成為家中活力的泉源

有研究指出，人們在自然採光下的工作及學習效率比在人工照明下來得好，適度的陽光照射能促進人體健康，加上它方便取得又不耗電，所以無論人工照明發展得再進步，自然光理應是我們室內採光的優先首選。

然而自然光並不是十全十美、零缺點的，台灣許多建築都仿效歐美的大面積開窗，雖能享受好採光以及優美的窗外景觀，但當太陽光直射時，會有眩光、過熱、引發皮膚癌、家具容易褪色變質等問題，這使得光線充足的東向及西向開窗，常常淪為被窗簾緊閉遮擋的下場。

情況更慘的還有天窗，雖然天窗可以長時間自然採光，但如果沒有設計好、讓陽光從上方直射，那和在大太陽底下工作簡直沒兩樣，不但夏日的酷暑難熬，眼睛也很容易疲勞。

但是為了遮擋過強或過熱的陽光而拉上窗簾改開電燈，在我看來實在是暴殄天物、本末倒置的作法。我認為，在滿足照度需求及心理感受的前提下，白天充分運用自然光，夜晚使用節能的人工光源，才是我理想中的光環境。

透視房子光線問題，你的房子採光好不好？

一般人在看房子時，往往最在意也最容易感受的就是採光好不好，最簡單的方法是只要白天不開燈，就能知道這間房子是否採光好。若能在屋裡待一整天，更能瞭解不同時段光線是否被周圍建築物遮擋等狀況。好的採光讓人心情愉悅，而多利用自然採光也可以節省照明用電。

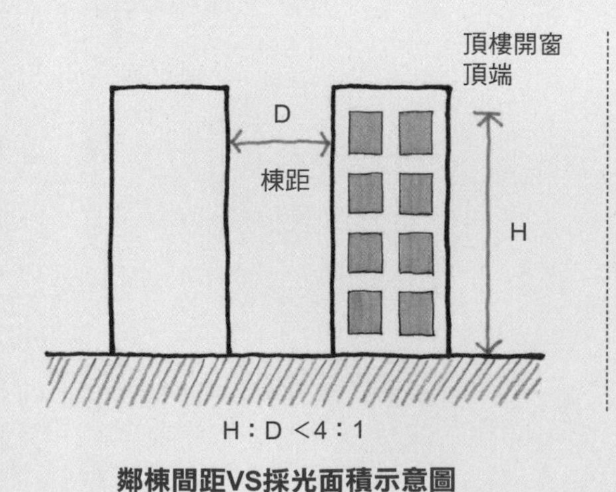

鄰棟間距VS採光面積示意圖

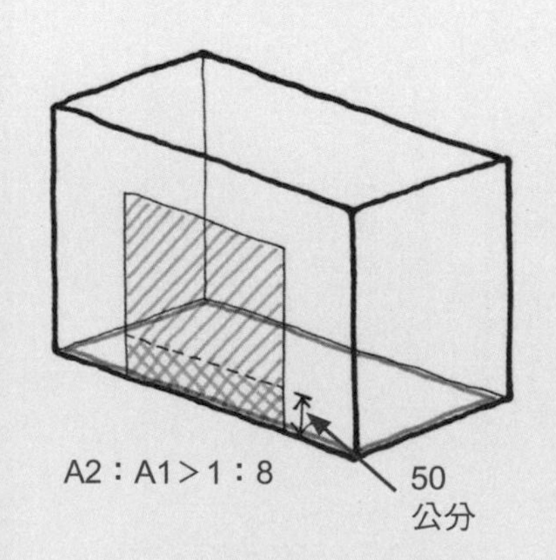

開窗面積比例圖

1 陽光直射時，即使擁有大面景觀窗，也只好拉上窗簾。
2 棟距太近會造成採光不良，通風也會受影響。

影響採光的因素很多，例如冬天與夏天的太陽方位不同，室內能照到陽光的時段便不同，不過只要鄰棟間距足夠，即使陽光無法直接照進室內，還是能擁有一定的明亮程度。以一般住宅來說，建築物與鄰棟的距離如果是1，那麼最高樓層的開窗頂端與地面的高度就不能超過4，否則低樓層住戶會有採光不良的問題。

而開窗面積的大小也會影響室內採光的程度，例如從地板算起50公分以上的開窗面積要大於該空間樓地板面積的1／8，雖然屋簷有遮陽的效果，但如果開窗面小又加上窗外的屋簷較深，室內就會變得很暗。另外室內格局如果是狹長形的，也會因為縱深太長而導致室內採光不良。

由於窗戶是建築物原本的硬體設施，想增加採光而敲牆、開窗，不但工程浩大，還會影響建築物的安全性，所以最好選房子時就先注意採光的問題。

規畫家裡的空間運用時，也得先考量採光，才能擁有最自然的光環境。如果家裡每個空間都能採光良好是最好，我個人認為採光應以客廳、餐廳等公共空間為主，廚房、浴廁等需要安全衛生的空間盡量要有自然光，因為自然光中含有紫外線成份，可以消毒殺菌，臥室則因主要為休息空間可以較暗，這是為甚什麼傳統風水會說明廳暗房，不過還是要依個人喜好為準。

我們台中的房子位於頂樓，除了浴室外，每個空間都有不錯的採光，其中客廳及書房的窗戶方位向西，窗戶上方也無出簷，加上鄰棟建築物只有三層樓不會遮擋到我們，是我們家採光最好的地方。但有一個問題是，在夏季下午西曬的時候，會有大量的日光直射產生炎熱及眩光問題。

所以，對我們來說，需要面對的採光問題就是，在夏天要如何避免不受歡迎的熱跟著光線一塊兒進入室內，造成空調能源上的多餘負擔？其次，要如何讓太陽光進入室內後成為柔和、均勻的光源，不造成視覺上的壓力，甚至影響視力？這些都不能忽視。

有色玻璃及反射玻璃影響採光

現在有許多新大樓也許是為了立面色系協調或者是想解決日照問題，常見到使用有色玻璃甚至深色玻璃，造成室內採光變差，尤其北面沒有直射陽光，如果開窗面積又不夠大時，室內真的很暗。我們認為深色玻璃並不能解決太陽直射的問題，還是要靠外遮陽，所以清玻璃（完全透明無色）最便宜又最好用。

反射玻璃也是會降低透光性，而且反射玻璃的特性是暗處可以清楚看到亮處，白天室外較亮，室外往內看像在照鏡子、室內往外看很清楚，直射的陽光可以被反射掉一些，但效果還是沒有外遮陽的好；到了晚上，如果室內開燈，外面往內看就變得十分清楚，室內往外看像是照鏡子，如果不想被人看光光，就得拉上窗簾。

1 深色玻璃造成室內採光不佳。
2 對面大樓的反射玻璃讓我家面西的窗戶在早上也有超強日照。

反射玻璃能將陽光反射照理是他的優點，但對我們來說是個缺點，因為自從對面蓋了大樓後，屋頂有面反射玻璃每天一早就會將陽光反射到我家，沒想到面西的窗還會東曬！不想看到刺眼的光線，我只好拉上窗簾……

開天窗採天光

天窗是很好的採光手法，但如果直接在屋頂上開口採光，熱也會直進入室內，直射日光還有眩光的問題，有的手法是將屋頂構造做成可側向採光或以鏡面輔助，利用天窗的側向採光不會有正午陽光過熱的問題，而鏡面輔助則可獲得更長時段的自然光。

地下室：台達電台南廠的地下室因為引進天光，變得明亮許多，還可以自然通風換氣。

正確地引進自然光，除了可遮擋過強的直射光，也能讓原本很暗的地方變得明亮，就像一般地下停車場給人的印象往往是既陰暗又難聞，但當我們參觀台達電子台南廠後，便完全改觀了，原來在地下停車場也能感覺很舒服。台達電子台南廠獲得台灣第一座「黃金級」綠建築標章，除了綠建築九大指標全數通過外，其中最令我印象深刻的就是地下室的自然採光，建築師採用的手法其實很便宜卻很有效，僅僅將停車場周邊的上方空出一段距離，就能將自然光引進，牆面再塗上藍色的漆，讓人猶如置身藍天底下，若有雨水也能從下方的排水溝排出，加上空氣可以自由流通，一點也沒有身處地下室的感覺，所以建築師的一點巧思，對我們的生活環境卻能造成非常大的影響。

開天窗：廁所空間有天窗是件很棒的事，白天不需要開燈，還有紫外線可殺菌。

照明基礎知識

太陽輻射有紅外線、可見光及紫外線等三大成分，自然採光照明就是運用可見光的部分。通常我們會把太陽輻射定義為電磁輻射，既然是電磁波，那就有波長，可見光波之波長範圍約380－780nm，可見光有不同的顏色，波長也不盡相同。

電磁輻射種類	波長範圍	
紅外線	780nm以上	
可見光	紅	640～780nm
	橙	590～640nm
	黃	550～590nm
	綠	492～550nm
	藍	430～492nm
	紫	380～430nm
紫外線	10nm以上，380nm以下	

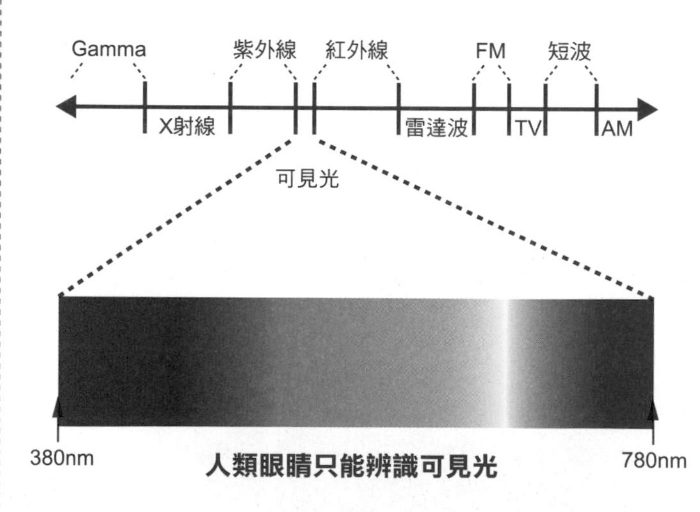

人類眼睛只能辨識可見光

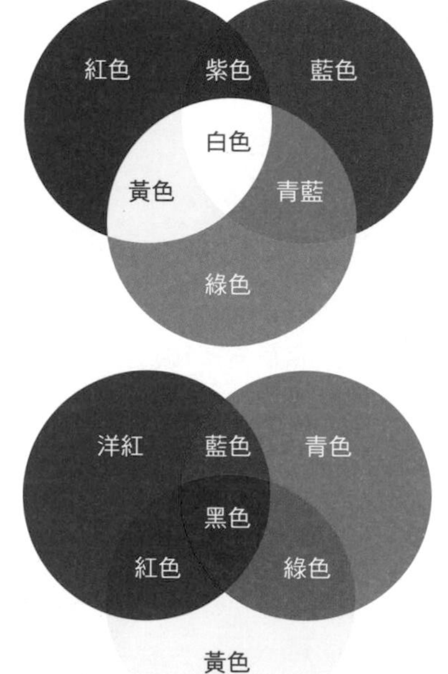

色光混合

人類是用眼睛及可見光來辨識觀察整個世界，兩者缺一不可，人眼的視感度曲線在整個可見光譜中，對於不同波長的光線其敏感程度並不是均勻的。如圖示，人眼的視感度曲線隨著可見光波長的變化而變化。在黃／綠波段，大約550nm波長時，人眼最為敏感。視感度曲線在這一點達到了峰值。隨著年齡的增長，眼球內晶狀體的調節能力逐漸減弱。視網膜也變得更加不敏感，使得我們需要更多的光線或配戴眼鏡才能看得清楚，這也可能是為什麼上了年紀的人喜歡白光的原因。

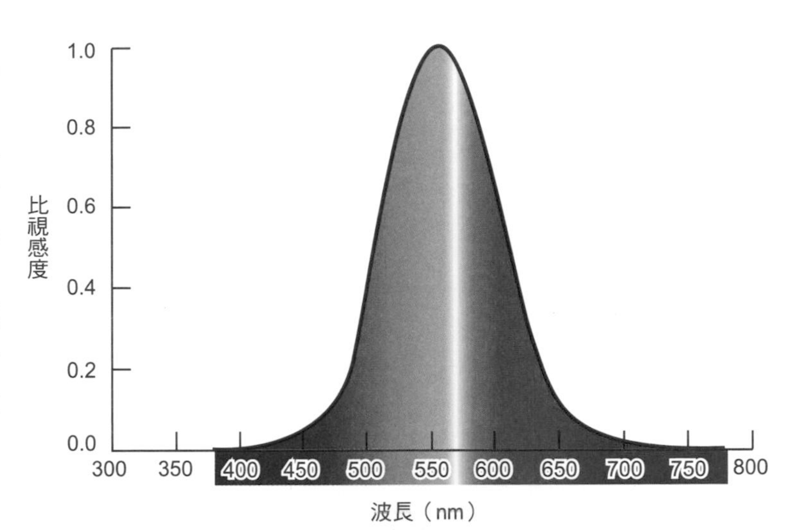

可見光之比視感度分佈

光強度（Luminous Intensity）

單位：坎德拉（candela, cd）或燭光

通常，一個光源在各個方向上有著不同的照射強度。在特定方向角上發出的可見光的強度稱之為光強度。

如果燈泡的規格是（120V, 60W），應該說它是耗電功率60瓦或瓦特的燈泡，因儀器得知燈泡的發光強度約相當於65燭光（candela），可發出光通量約為820lm（流明lumen），故可推算出其光效約為13.66lm／W。因此耗電60W的鎢絲燈泡，發光強度約為65燭光，故老師傅常說60W的鎢絲燈泡是60燭光，不完全正確但很接近了。

光通量（Luminous Flux）

單位：流明（lumen, lm）

總光通量用於測量一個非方向性的光源，在任意時刻、任意方向上輸出可見光的總和。簡單說是指光源輸出可見光的總和。

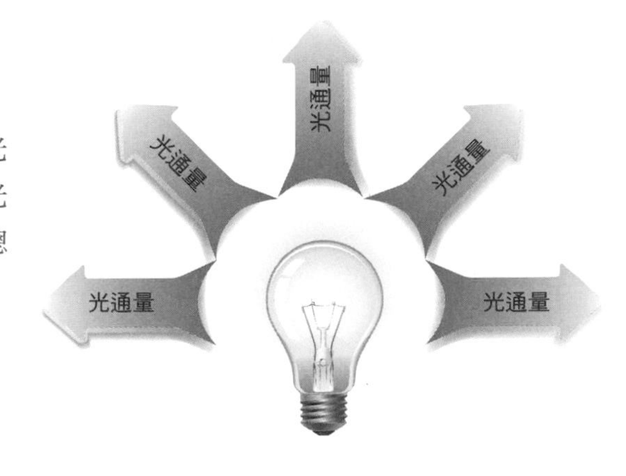

業界運用積分球來量測光源的光通量。積分球由一空心球體構成，球體內壁鍍有一層具高漫射特性的塗料，可以均勻地積分與反射入射光線，藉由球體上的探測器端口，即可進行光線量測。光源發出來的光量代表它的亮度，光通量越高代表亮度越高，單位是流明（lm）。

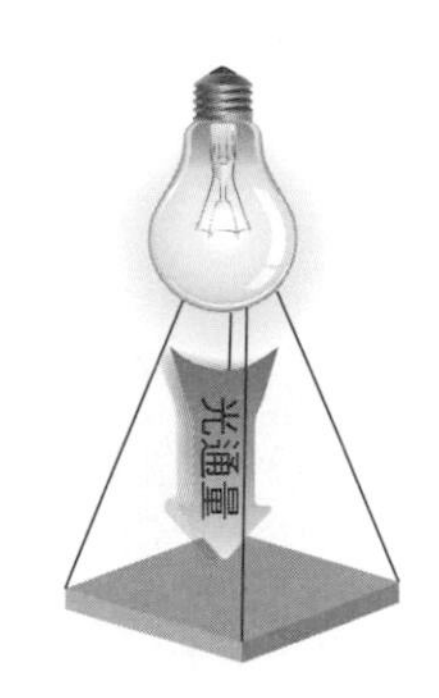

照度（Illuminance）

單位：勒克斯（lux）

照度是指落在單位面積上的光通量。它受到光源與被照射表面的距離影響。當1流明的光線均勻地分佈在1平方米的被照面積時，就產生了1勒克斯的照度。

通常衡量照明是否足夠需要一個物理量，那就是「照度」，指的是被照物體表面每單位面積所接受的光通量（Intensity of Illumination, E），單位是Lumen／m^2（勒克斯Lux）。照度數值愈高代表物體受照程度愈高；而照度的需求是指工作面之需求，例如寫字閱讀是以桌面照度為主，通道走廊則以地面照度為主，不同的空間不同的使用會有不同的照度需求。

下頁表格是國家CNS住宅照度標準，其中所謂的「全般」，就是全般照明，意思是這個空間中照度的基本需求，除了全般照明外，比較花眼力的時候就需要「局部照明」，所以照度需求跟用眼程度基本上是成正比的。例如，聚會聊天的地方，可能只需要75～100Lux；梳妝可能需要300Lux；看書大約要500～750Lux；穿針引線要1000Lux，可能在同一個空間會做不同的事情，此時，照度的需求也跟著不同。

在台灣，照度計是便宜的儀表，可以用來量測照度，如果手邊沒有照度計，我舉幾個例子讓大家約略感受一下照度的估計：在60W無燈罩鎢絲燈泡正下方1公尺處的照度約為60Lux，23W無燈罩省電燈泡正下方1公尺處的照度則約為118Lux。

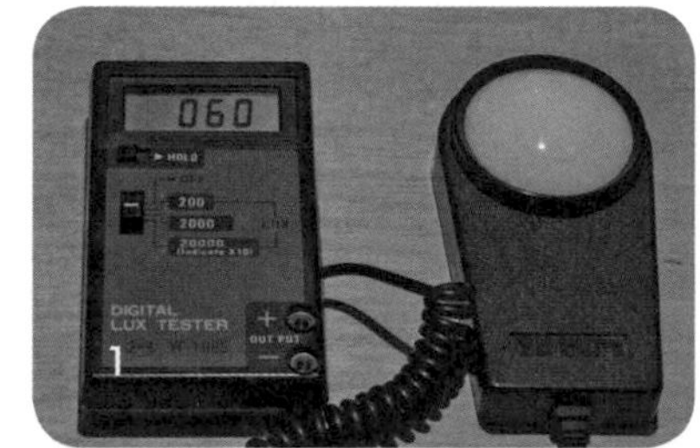

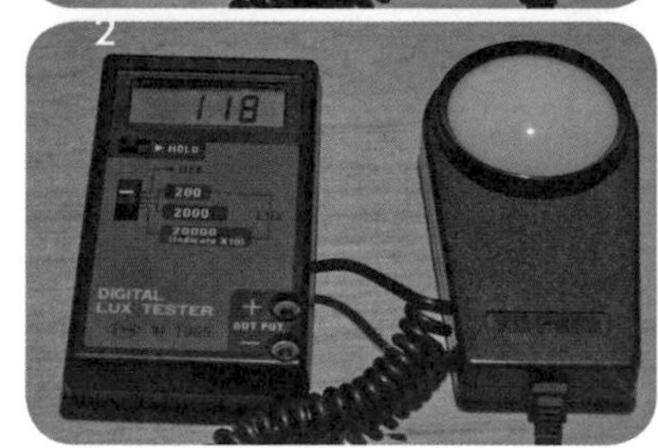

1 無燈罩 60W 鎢絲燈泡正下方 1 米照度值 60Lux。
2 無燈罩 23W 省電燈泡正下方 1 米照度值 118Lux。

國家CNS住宅照度標準

照度	起居間	書房	兒童房	客廳	廚房餐廳	臥房	工作室	更衣室	洗手間	走廊樓梯	倉儲室	玄關	門、玄關	車庫	庭園
2000～1000	•手藝 •縫紉	—	—	—	—	—	•手工藝 •縫紉 •縫衣機	—	—	—	—	—	—	—	—
1000～750		•寫作 •閱讀	•作業 •閱讀												
750～500	•閱讀 •化妝（1） •電話（2）					•看書 •化妝	•工作					•鏡子			
500～300		—	—		•餐桌 •調理			•修臉 •化妝 •洗臉						•清潔 •檢查	
300～200	•團聚 •娛樂（3）		•遊玩	•桌面（4） •沙發		—	•洗衣					•裝飾櫃			
200～150					—			—						—	
150～100	—		全般	—			全般	全般				全般			•宴會 •聚餐
100～75		全般			全般				全般						
75～50	全般		—	全般			—	—		全般		—	•門牌 •信箱 •門鈴鈕	全般	陽台全般
50～30		—			—				—		全般				
30～20	—			—		全般				—			—	—	—
20～10											—				
10～5						—							•走道		•走道
5～2													—		—
2～1						深夜			深夜						

（1）以人物垂直面照度為主。
（2）其他場所也適用。
（3）也包括休閒性閱讀。
（4）對於全般照明另作局部性的提高照明設備，使室內照明不流於平凡而富有變化。
備註：
1. 各類場所依其用途，包含全般照明及局部照明能併用較佳。
2. 起居間、客廳、臥房最好有可調光系統。
3. 有•記號之場所，可用局部照明取得該照度。
參考資料：http:// www.chinaelectric.com.tw/cns.htm

一般我們認為採光好不好，都是用人的眼睛去感受，不過，可能要看當時的天氣好不好，如果與周圍的建築物棟距太近，或者開窗部位不透光的出簷太深，自然採光就會有影響。從右圖環境照度的測量，可以了解多利用自然採光能節省照明用電，因為大自然給我們的照度遠遠超過人工光源國家照度標準。

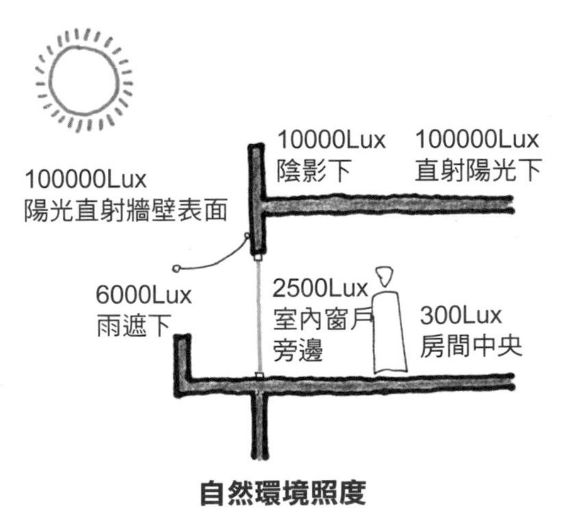

自然環境照度

輝度（Luminance）

測量單位：坎德拉／平方米，cd／m^2

輝度（L）是指光源或者反射面單位面積上發出的光強度，輝度取決於被照面面積的大小以及被照面反射到肉眼的光強度。

關於眩光，可以用輝度來說明。輝度是單位投射面積上的光強度，單位為每平方公尺的燭光（cd／m^2）。簡單地說，輝度就是光源的亮度；用白話文說，眼睛直視燈泡所感受的光芒就是輝度，而燈泡照射到牆面或是銅板紙表面所反射回來的光芒造成眩光，它的衡量單位就是輝度。過強的輝度對比會產生不舒適的感覺，感覺刺眼，造成視覺障礙，這種現象就稱為眩光。

你家的光線會不會很刺眼

自然光和人工光都有可能造成眩光刺眼，平滑的裝修材也會有同樣的問題，所以如何擁有好品質的光環境，亦是門學問。

1 太陽直射會導致眩光，容易造成眼睛的不適。
2 台灣的商店很喜歡使用裸露的大量燈管照明，它的眩光最嚴重。

眩光造成的傷害

反射眩光會使影像模糊化、閱讀吃力，容易造成眼睛疲勞、降低閱讀效率，甚至造成眼睛酸痛、頭痛的問題，根據美國研究報告指出，平均每五位上班族就有四位受到眼睛不適的困擾，而且大多數都有頭痛、疲倦、經常流淚的症狀，而根據統計，在學習壓力大的國內學童中，更有55.9%的受訪者在使用檯燈時，經常有眼睛酸痛、揉眼睛及流淚等困擾。

現代人看螢幕的時間很長，電腦、平版、手機、電視，有可能一睜開眼就是盯著這些螢幕，長時間下來對眼睛的傷害非常大，尤其螢幕本身和周圍環境的亮度息息相關，對比不能太大，例如不看文件只看螢幕時，周圍環境不用太亮，太亮反而會覺得看不清楚、眼睛也容易疲勞。

之前我去現勘時，有讀者反應他使用電腦時都看不清楚，我發現他螢幕上方的燈具太亮，拔掉一根燈管降低亮度後，就看得清楚螢幕了，既舒適又可以省電，因為螢幕本身會發光，依照美國照明協會的建議值只要269Lux就夠了。

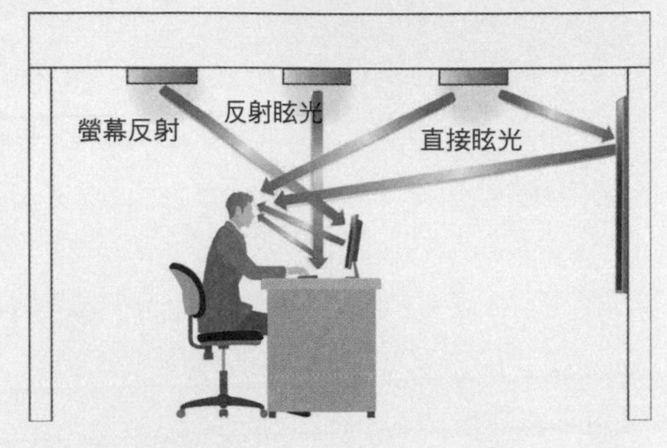

根據眩光產生的方式，可分為：直接眩光、反射眩光、螢幕反射。

自然光不夠的最佳幫手——人工好照明

自然光不足之處，人工照明自應當仁不讓，負起提供好光線的責任。一般說來，「好」的人工照明至少要滿足三件事：

1. 用電要安全。
2. 能夠滿足照明的需求，又能照顧視力健康。
3. 能源使用效率要高。

以台灣一般家庭來說，照明大約占去五分之一到五分之二的用電，因此照明設備的選購，不可不慎。

保持距離，以策安全

好的照明設施應該要與人保持距離，除了避免熱輻射所造成的不適感，也可以避免電磁波或紫外線的危害。我的親身體驗，50W的鹵素燈泡，燈芯的熱輻射影響範圍大約在一公尺左右；9W的省電燈泡熱輻射影響範圍則約20公分，而且有紫外線的問題，英國衛生保護局建議大家使用省電燈泡時，最好能夠保持30公分以上的距離，以避免燈光所產生的紫外線傷害皮膚（如果距離不到30公分，則每天不要使用超過一個小時），也可以防止電磁波的影響。而LED光源的熱輻射和紫外線都很低，所以非常適合用在近距離的照射，例如閱讀燈和床頭燈。

在對的地方開對的燈——適當的照度

人工照明必須依照不同的空間需求來考量，而且即使是同一個空間，所需的照明亮度也不一定相同，有時需要很明亮、有時為講求氣氛只需微光。就像你住在高級的飯店時，會發現飯店和一般看到的外國居家空間很像，整個空間大多不是很亮，只有看書或用餐的地方才會做重點照明，這樣的擺設方式除了光線有明暗變化，富有氣氛外，重點是能讓眼睛休息，還能更省電。但還是得再強調一下，講究氣氛雖然重要，還是要以視力健康和安全為考量前提，否則傷了眼睛就得不償失了。

在工作桌面設置照度充足的局部照明，周圍環境的照度不需要太高，既健康又省電。

我們在規畫家中的照明時，對於哪裡會亮一點或暗一點，偶爾會互相起爭執，因為空間的亮度感覺，其實大部分很主觀。我們家最後的做法是部分用科學方式來妥協，就是使用照度計，依照每個空間的功能取向來檢查家中的燈光設計，這樣誰都不會有意見。

常用材料的反射特性

每一種材料對光的反射率及吸收率均不同，反射率與吸收率的總和會等於100%，也就是當反射率為70%，吸收率便是30%。牆面的反射率應介於40%～60%，那麼就可選用粉彩漆；天花板的反射率應介於70%～80%，則以新白漆為佳，所以選用材料時別忽略了材料本身會造成的反射率。

材料種類	反射率%	吸收率%
新白漆	75～90	10～25
舊白漆	50～70	30～50
粉彩漆	40～60	60～40
木材／淺橡木	25～35	65～75
／深橡木	10～15	85～90
／桃花心木	6～12	88～94
／核桃木	5～10	90～95
水泥，白水泥	20～40	60～80
大理石	30～70	30～70
花崗石	20～25	75～80
磚	10～40	60～90
石膏板／礦纖板	50～70	30～50

參考資料：http://www.iali.com.tw/publications/fundamentals/CH1.htm

局部照明，找出美感與實用的平衡點

在台灣最常見的現象就是，多數家庭都喜歡把家裡弄得很亮，其實這對下班後想好好休息的身體來說，是一種負擔，如果不是需要精神抖擻地在家工作或做功課，建議大家記得檢視一下家裡照明配置的數量與位置，調整過後，或許會發現家裡變得比較有氣氛、也讓人比較放鬆。

另一個大家容易忽略的錯誤習慣是，客廳往往只靠天花板的主燈來照亮整個空間，然而在照度不均勻的情況下，無論主燈再亮仍有讓人覺得不夠明亮的問題發生。

我們有位朋友，他們家用的是13顆燈泡的吸頂燈，比一般常見的六顆燈泡足足多出了七顆，開啟時的確非常亮，但因為周邊沒有局部照明，還是會覺得角落特別暗而不舒服，這就是照度落差所造成的感覺。所以我建議他們拔掉中間幾顆燈泡，然後加強四周重點區域的局部照明，改善了照度落差，整個空間反而因此明亮了起來。

別讓你家的燈淪為客人來才會開

所謂燈光美、氣氛佳，許多室內設計師都喜歡用嵌燈或投射燈來營造氣氛。舊式的嵌燈或投射燈所用的大多為鹵素燈泡，看起來不大，發光功率每個卻高達50W，客廳加餐廳裝一圈下來大約20個，全部開啟就是1,000W，相當於一台一噸冷氣的耗電功率！而且鹵素燈泡本身所產生的熱每秒1,000焦耳，在夏天還會造成多餘的冷房負荷。

尤其令人不解的是，許多家庭裝設了嵌燈或投射燈，但卻因為怕熱或是省電而刻意不開，使得這些燈淪為「客人來才開的燈」，因此在採用這樣的設計之前，真的要三思！若將光源都換成節能的款式，平時也能享受設計師原本的照明規劃，才不會花了錢還虧待自己。

善用節能光源

為了營造室內氣氛，設計師常採用間接照明。這是指燈光經天花板反射之後再照射下來，光線均勻又溫和，理論上應該是很好的光源。但經常看到的是施工時沒有預留層板與天花板之間足夠的反射高度，因此只能在天花板四周形成一圈光圈，還需要好幾個點狀光源補足亮度，造成電力的浪費。

在享受燈光的美感同時，節能亦是很重要的考量，若在同樣的亮度和燈光質感下，電力需求只有原來傳統鎢絲光源的1／5～1／10，我想這是每個人都樂意去做的。至於要如何與設計師溝通，我有幾項建議如下：

1. 用LED燈取代白熾燈點光源。
2. 用T5燈管或LED燈管取代傳統T8燈管線光源。
3. 裝多段式控制器來符合不同氣氛及亮度的需求。
4. 需要調光或感應的光源改為LED。
5. 間接照明需有適當反射高度，建議30～45公分為佳，若原本的反射空間不足，改用LED條燈即可。

最後要提醒大家，千萬不可為了省電，一味地減少燈管或換瓦數小的燈泡，因為如果照度不夠，省了電但傷了眼睛，或因看不清楚而跌倒受傷就划不來了，所以在換成省電光源的同時，也要顧及充足的照度，參考照度標準是最安全的方式。

利用層板間接照明，可獲得均勻的光線，若反射高度不足會導致中央的天花板比較暗，此時可於中央加裝一盞主燈，必要時補足照明，而我家因為反射高度有40公分，中間吊扇的燈從來沒開過。

要營造室內光環境適當的美感，還要特別考慮兩個參數：「色溫」與「演色性」。

色溫（Color Temperature）

當光源所發射的光顏色與「黑體」在某一溫度輻射的溫度相同時，這時黑體的溫度稱為該光源的色溫度，簡稱色溫，用絕對溫度（K）表示。色溫表示「光顏色的量」，一般來說色溫越低顏色越黃、色溫越高顏色越白。

照明領域已經採用了如「暖白色」和「冷白色」來描述類似的光照氛圍，不同光色的光源給你不同的感受，目前市售光源光色色溫多樣化，大都介於2800K（溫暖）～7500K（清爽）。

色溫表

常見的光源色溫

光源		光源	
藍天白雲 8000-10000k		暖色螢光燈 (省電燈泡) 2500-3000k	
陰天 6500-7500k		鎢絲燈 2700k	
夏日正午陽光 5500k		鹵素燈 3000k	
下午日光 4000k		高壓汞燈 3450-3750k	
高壓鈉燈 1950-2250k		金屬鹵化物燈 4000-4600k	
蠟燭光 2000k		冷色螢光燈 4000-5000k	

演色性指數（Color Rendering Index, CRI或Ra）

代表物體被光照射後，所呈現顏色的真實性。演色性越高，所呈現的顏色越真實；演色性越低，所呈現的顏色越失真。如果燈泡照射一物體，顏色的表現和在太陽光下照射相同，那就是100。白熾燈的演色性將近100，日光燈大概60～70，外面路上的高壓鈉燈只有20～30，目前國家對於LED燈泡演色性指數的標準要求為75以上。

低演色性、高演色性。

主要光源演色性指數

光源	CRI、Ra
100W白熾燈泡	98-100
鹵素燈泡	98-100
冷色溫螢光燈管	60-90
暖色溫螢光燈管	55-90
三波長螢光燈管	80
複金屬燈	70
水銀燈	50
高壓鈉燈	25

電燈開開關關更耗電的迷思

很多人認為螢光燈不要常開開關關，因為燈亮時瞬間啟動的電流變大很耗電，其實這樣的說法是不正確的，螢光燈瞬間啟動的電流雖大，但時間非常短暫，一般都在一秒鐘以下。由於電費的計價方式是以小時為計算時間單位，啟動的短暫時間對於電費影響微乎其微。

需要注意的反而是螢光燈經常開開關關容易損壞的問題，螢光燈管或省電燈泡因為開啟時間太短，還沒熱就斷電，導致黑頭而用沒多久就壞了。所以如果家門口或走道裝有紅外線感應式燈具來控制燈光明滅，就不要使用省電燈泡或日光燈管，此時建議採用LED燈管或燈泡最佳，因為它不需要預熱、耗電功率極低、開開關關不影響使用年限，壽命也極長，不過要切記選擇光衰率小的產品，否則沒多久就感覺不亮了。

對懶人來說，要節能愛地球其實可以直接使用省電的光源與燈具，然而燈具省電的關鍵在於光源耗電與否，就是燈開得多一點或久一點，都比較不用擔心會浪費電，這時候我們就要了解光源的發光效率。

發光效率（Luminous Efficacy）
單位：每瓦電力產生的流明數（流明／瓦特、lumen／watt或lm／W）

發光效率是衡量一個光源把電能轉換成可見光的轉換效率指標，是光源所發出的光通量與該光源所消耗的電功率之比。發光效率代表每瓦的光通量，發光效率越高越省電，一方面也象徵著光源廠商的製造能力水平。

常見光源之發光效率

光源	lm／W
鎢絲燈泡	10-17
鹵素燈	12-22
省電燈泡	40-80
日光燈	50-118
LED燈泡	40-130
水銀燈	50
複金屬燈	70-115
高壓鈉燈	50-140

常用光源比較

光源種類		效率（lm／W）	演色性（%）	色溫（K）	壽命（hr）	外觀圖示
白熾燈	鎢絲燈泡	10-17	98-100	2700-2800	750-2500	
	鹵素燈泡	12-22	98-100	2900-3200	2000-4000	
螢光	螢光燈管	50-118	60-90	2700-6500	8000-25000	
	精緻型螢光燈（CFL）	40-80	60-85	2700-6500	6000-15000	
高壓氣體放電燈	水銀燈	25-60	50	3200-7000	16000-24000	
	複金屬燈	70-115	70	3700	5000-20000	
	高壓鈉燈	50-140	25	2100	16000-24000	
固態照明	發光二極體（LCDs）	40-130	65-95	2700-6500	8000-35000	

資料來源：國際照明學會／綠色照明

改善手法1 聰明引光

前面提到自然光雖然有熱或眩光的問題，但還是具有無可取代的優異性，因此有愈來愈多樣的設計手法都積極地想辦法處理這些問題，使自然光成為更名符其實的好光。

善用百葉簾，隨時調整自然光角度

想要便宜又機動性地善用自然光，淺色的百葉窗簾無非是最好的選擇，因為它可隨太陽的照射程度來調整角度，擋住直射光線，免去眩光問題，又可藉由調整百葉的角度順勢將太陽光反射至天花板，導入室內，成為自然又柔和的光源。使用百葉簾還可以兼顧通風，不像一般窗簾，一拉上就擋光又擋風，造成室內又悶又暗的情形。

如果通風面積足夠，純粹想要採光，也可以使用玻璃磚；玻璃磚中間有空氣層，多少有些隔熱的功能，而且可直接用來做隔間牆。如果擔心有些空間太暗，還可於一般隔間牆上方用霧面玻璃，這又比玻璃磚便宜些。

百葉窗簾可調整角度，讓光線不直射也不完全遮蔽。

百葉簾

1 室外竹簾或是室內木格柵雖無法調整角度，但質感及進入室內的光影另有一番風情。
2 玻璃與玻璃磚均是增加採光面積的好材料。

改善手法2 天窗做好，採光不採熱

充足的光線讓人心曠神怡、精神百倍，也讓空間充滿光影的變化、意境十足，不過熱的取得有時會過多，冷氣怎麼開都無法抵擋強力的熱氣，常常見到許多住家和店面喜歡用天窗採光，採光罩的意思也一樣，例如透天厝一樓的車庫，為了遮雨做採光罩，為了防盜將四周圍起來，就像溫室一樣，太陽的熱進入後出不去，反而會擴散至其他空間，所以需考量活動式的外遮陽及排熱措施，才能保有採光的優點，而不是嚇得把天窗或採光罩給封住，讓室內變得陰暗。

玻璃採光罩外部用電動鋁百葉做外遮陽，日照強烈時轉平百葉，有效遮擋太陽的直射熱。

1 天窗灑下的光線既明亮又不刺眼。
2 在高處用排氣扇將熱氣排除，也能幫助室內通風。
3 屋頂用玻璃採光罩，好採光宛如在室外。

改善手法3 擁有不刺眼的好光線

運用自然光最重要的是盡量不要用直射陽光，直射陽光有大量的輻射熱、紫外線以及眩光，下面列舉形成室內眩光的幾個原因與可能的解決方法：

1. 太陽直射造成的眩光。建議用能反射、調整角度的百葉簾或選擇低透光率的遮光簾。
2. 照明燈具的光源若是外露型的設計，可直接看到發亮的燈泡，燈泡點亮時與周圍產生過高的亮度對比，會因此產生眩光。建議選擇有燈罩或向上照射的燈具。
3. 室內裝修材料的表面反射率過高會造成眩光。若不是想創造特殊意境，室內裝修材料的反射率就應妥善規畫才不會讓人覺得不適，例如牆面的反射率應介於40%～60%之間，天花板的反射率應介於70%～80%之間，桌面的反射率應介於30%～35%之間，地面的反射率應介於15%～35%之間。

除了避免眩光之外，室內照度是否「均勻」分布也非常重要。室內照明的燈光分佈應求照度均勻（uniformity），使照射在物體表面光線分布越均勻，越不會造成眼睛疲勞。照度是否均勻以「均齊度」表示：照度均勻性（均齊度）＝最低照度／平均照度，這個值以0.5～0.7為佳。

房間周圍亮度與中心亮度愈接近（或周圍稍暗些），對視力愈好。若是室內明顯有一個特別亮的光源，與周圍環境形成強烈對比時，眼睛是最吃力的，長久以往，很容易傷害眼睛的健康。所以一個舒適的光環境必須具備下列4個條件：

1. 充份的照度足夠作業的需要（光源、燈具）
2. 配光應力求均勻，視野內避免強烈的明暗對比（燈具）
3. 閃爍要低，以維護視力健康（電源控制器）
4. 刺眼眩光要低，以減少眼睛的不舒適（燈具）

改善手法4 捉出照明耗電元兇，減少不必要的光源浪費

通常家裡經過設計師裝潢好之後，都會相當美觀、有氣勢，但是有些設計師選用的燈具會發出高熱且相當地耗電。對此我深有切膚之痛，前屋主在我的新家留下的燈具主要有三種形式：一種是傳統安定器的日光燈，一種是發出高熱的鹵素燈泡，還有傳統安定器的BB燈（由四根長約20公分的螢光燈管組成）。這些照明燈具雖然滿足了照明的需求，但是能源使用效率低，又會產

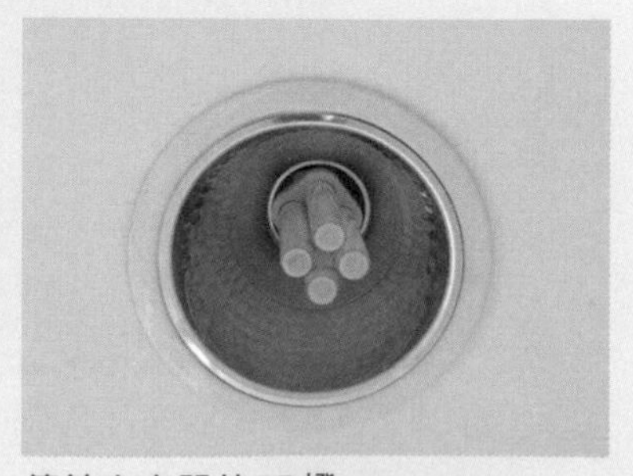

傳統安定器的BB燈。

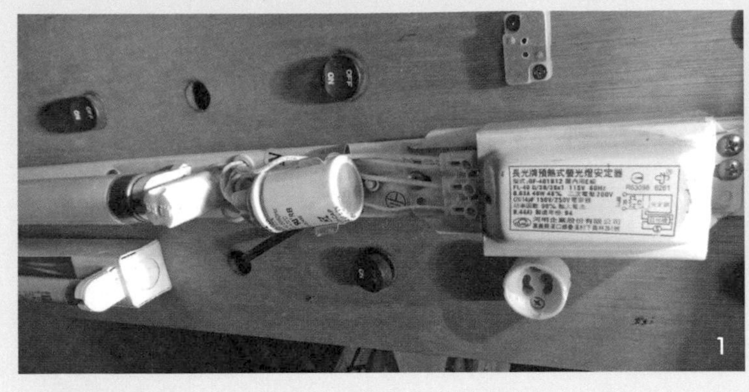

1 傳統安定器的日光燈。
2 發出高熱的鹵素燈泡。

生額外的熱量，形成冷房負荷，讓夏季空調更耗電。

另外客廳的層板燈每次開啟就是全亮，雖然是往上照再反射下來，解決了直接看到燈管的眩光問題，但是看電視的時候還是覺得太亮了，而且八根40W的日光燈一起亮，耗電功率高達320W，真的很浪費電。

其中最耗電的就屬50W鹵素崁燈，加上鹵素燈泡的表面溫度高達400℃，還曾經把我的頭髮燒焦，因此當我把崁燈裡的鹵素燈泡拆下時，竟發現靠近燈泡的紅色電源線已經變成黑色，一碰觸馬上粉碎。這令我毛骨悚然，趕緊把其他鹵素燈泡全拆下來，以避免未來有使用過熱、電線走火的危險。

改善手法5 照度夠直接拔燈管，不花錢也能省電

目前台灣最常見的照明型態就是滿屋子通亮，有時候桌面的照度值會高達1000Lux以上，過亮的照明並不舒適，反而容易視覺疲勞，就像是大晴天開車一定要帶太陽眼鏡的道理一樣，而且過量的人工照明都需要耗用過多的電力，讓發電廠排放過多的二氧化碳。

所以改善照明最不花錢又最簡單的手法就是「拔掉燈管，轉下燈泡」，但在做這個動作前，記得先用照度計量測照度是否充足，是否符合健康照明的需求。減少了過度的人工照明，既獲得舒適的照明環境，又可以減少耗電量、節省電費，更減少二氧化碳的排放、減緩地球暖化效應，一舉數得。讓我們一起來聰明拔燈管吧！

改善手法6 換燈，從最會發熱的開始

現在市面上有各種省電光源，例如省電燈泡、T5燈管及LED燈泡等，將耗電的光源全面替換是最簡單、也是最有效率的方法。我的建議是維持你需要的亮度，想盡辦法降低耗電功率就對了。

如果要將家中的燈換成省電的，建議從最常用的燈先著手，原本是鎢絲或鹵素燈泡的一定要換掉，現在的產品大多都可以直接換掉光源而不用換燈具，即使是T8燈管也可以直接換成LED燈管，至於到底該怎樣選購新的燈泡呢？

建議先將舊的燈泡拆下，用尺量燈頭的直徑，如果是2.7公分，表示是E27，去商店買的時候就要找燈座規格是E27的，另要選擇亮度，例如取代100W的鎢絲燈泡就要選擇20W左右的省電燈泡，或者是10W左右的LED燈泡，再來要看它的壽命，壽命越長價格也可能會越高。

在不更換燈具的條件下，直接替換燈泡即可。

有朋友曾經向我反應，他裝在浴室的省電燈泡或螢光燈管一下子就壞了，除了可能是開開關關過度頻繁外，我覺得最主要是因為他家浴室過於潮濕、不通風，導致燈管或燈泡長時間處在潮濕的環境而提早夭折。我家的浴室也使用省電燈泡，但用了5年都還沒壞，應該就是通風良好電路板不潮濕的關係。

選燈，別黑白配

白熾燈泡→省電燈泡，省電燈泡的亮度甚至比白熾燈泡更好，但是耗電功率減少80%以上，發熱量也減少了80%以上，你的冷氣就不用負擔這部分的熱負荷了。

T8燈管→T5燈管，「粗的換成細的，短的換成長的」，這是某位照明工程教授發明的換螢光燈管口訣，意思是說原本直徑8／8吋的T8燈管可以換成5／8吋的T5燈管，原本兩根2尺長的燈管可以換成一根4尺長的燈管，如此一來燈管的光效會增加，而且更為省電。

鹵素燈→LED燈，鹵素燈泡是室內設計師最常運用的燈，但卻是屋主最少使用的燈，因為它的耗電功率是50W，又會發出高熱，燈殼表面溫度高達400℃，真是燙得嚇人，加上台灣的冷房空調季節很長，讓大家都不想在開冷氣的時候使用這種會發熱的燈泡。

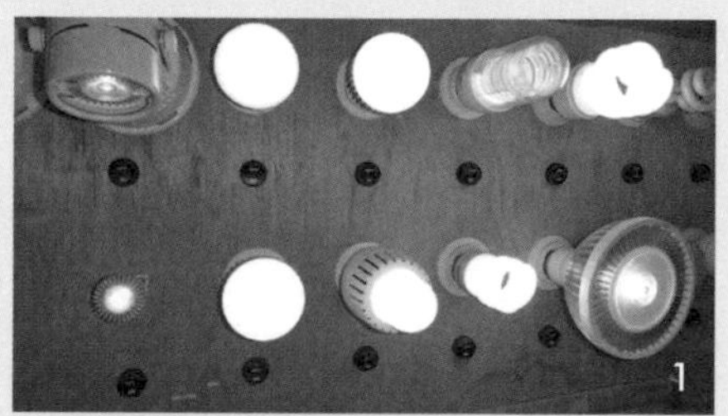

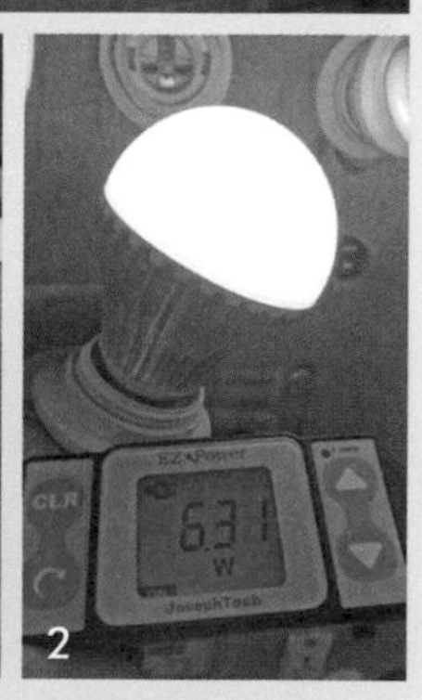

1 目前市售的省電光源種類非常多，有LED、省電燈泡及冷陰極管燈泡，只要記住在相同的亮度（總光通量）下，耗電功率越小越好。
2 60W 鎢絲燈泡換成 6W 的 LED 燈泡。

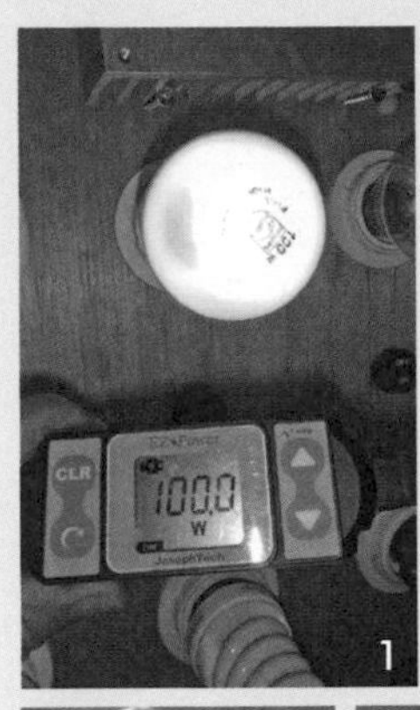

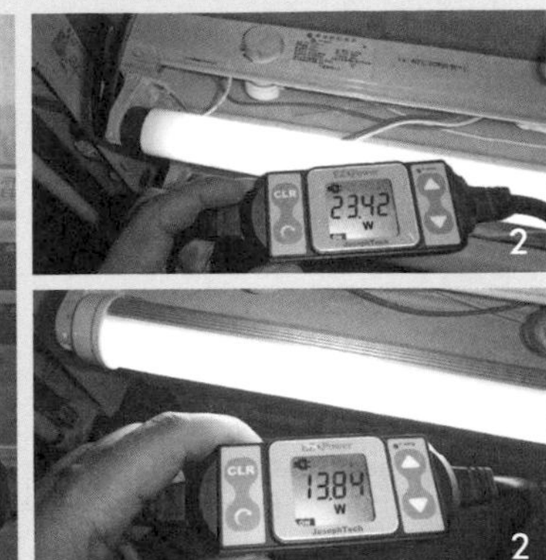

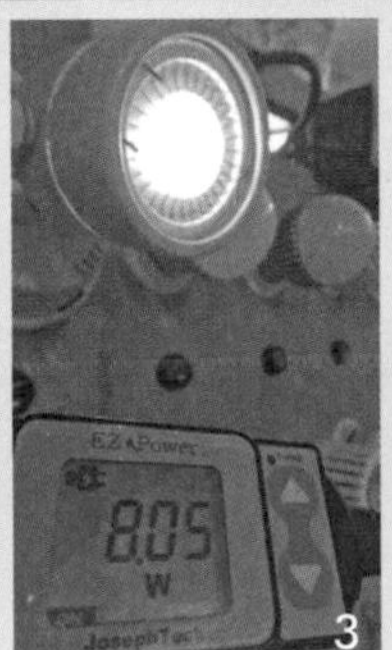

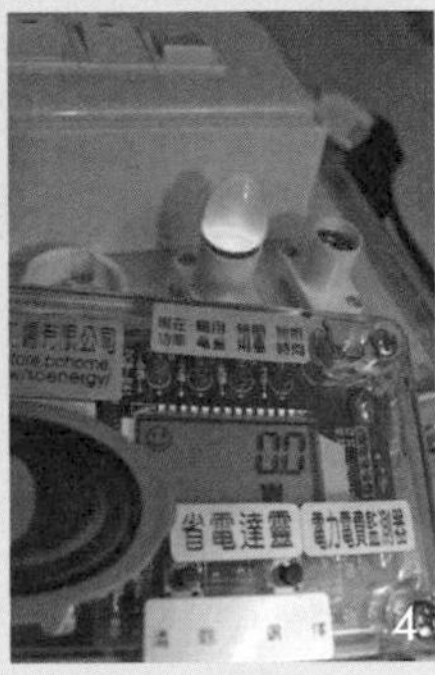

1 100W 鎢絲燈泡換成 10WLED 燈泡。
2 傳統安定器 T8 燈管換成 LED 燈管，2 尺長的燈管耗電功率 23W 變成 13W，節省 40% 的耗電功率，如果是更長的燈管節省電力就會更多。
3 50W 的鹵素燈泡換成 8W 左右的 LED 燈泡，燈座不變，省電 85%。
4 5W 的鎢絲神明燈泡換成超省電的LED燈泡，連簡易型功率計都量不到它的功率，據廠商提供的資料約 0.2W 左右。

但仔細想想，既然不用為什麼要裝呢？建議可以用8W的LED燈泡取代它，讓你在開冷氣時也可以享受柔和舒適的光線，並且能省電80%。

神明燈→LED燈，神明燈的燈泡如果原本是鎢絲燈泡，耗電功率一般是5W，換成LED燈泡後，耗電功率只有0.2W，超級省電，重要的是鎢絲燈泡使用約1,000小時就壞掉，LED燈泡可以使用30,000小時左右，使用LED後，就不用再每隔1個半月更換一次燈泡了，5年多前幫我母親買的LED神明燈泡用到現在都還沒壞。

改善手法7 讓層板燈亮起來

當層板燈的光源因為層板與天花板之間的距離過小，無法均勻且充分地反射入需要照明的空間當中，只能小範圍地照到層板上方的天花板，造成照度既不均勻也不足夠時，可以採取的補救方向就是盡量調整燈具照射的角度，以及利用一些工具，來幫助既有的光源反射與擴散。

將燈具下方鋪上裁切好的鋁板，若有積塵應定期擦拭。

調整燈具的角度時，盡量使燈具朝天花板的中央方向照射。當然，由於本身反射的角度就受到很大限制，這個辦法能夠改善的幅度相對不會很大。

也可以利用鋁板，甚至是家裡廚房用的鋁箔紙，來協助燈具將光反射出來。做法很簡單，只要依現有層板的深度，裁切出同樣寬度的鋁板或鋁箔紙，再將鋁板或鋁箔紙鋪在燈具底下，就可以將燈管下方的光反射到天花板，增加亮度。

如果是新設的燈具，直接購買本身附有反射板的燈具。除此之外，業界還發展出許多燈具的套件，利用光反射或光擴散的原理，使一支燈管可以發揮兩支燈管的效益，也都可以參考。

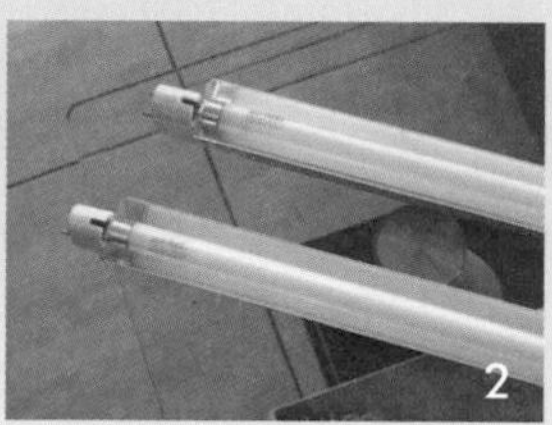

1 將燈具下方鋪上平常用的鋁箔紙，若有積塵應定期更換。
2 燈具本身附反射罩。
3 白色的特殊套件可直接套在燈管上。

DIY我家的照明改造計畫

我在這幾年的自宅照明改造過程中，陸續使用了省電燈泡、LED燈、紅外線感應燈、T5燈管，並加裝電子式安定器、加強亮度反射板和多段式切換開關，除了保持足夠的照度，也降低耗電功率及空調的熱負荷；另外就是LED燈不含水銀，不像螢光燈管要注意丟棄後對環境的污染問題，十分環保。

客廳

我將客廳間接照明的傳統式安定器螢光燈管改為電子式安定器T5螢光燈管，光源背後加上反射板，再調整光源角度，讓光線可以均勻佈滿整個天花板，亮度不變，但省了很多電。另外還裝上多段式開關，平時只亮一半的燈管，想要亮一點時再全開，省上加省。

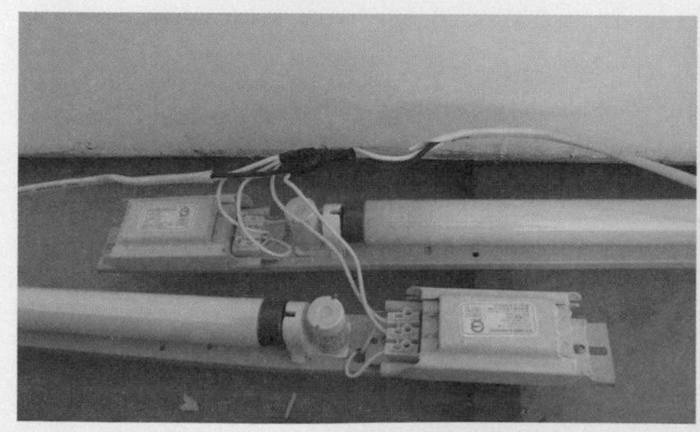
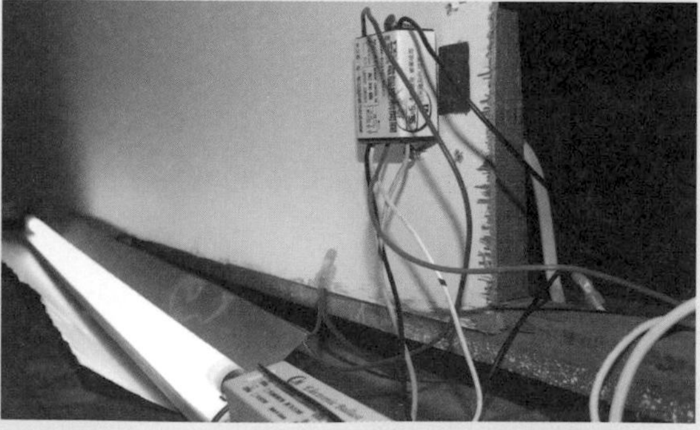

T8螢光燈管換成T5螢光燈管＋加強亮度反射板＋多段式切換開關。原來耗電功率40W*8＝320W變成20W*8＝160W，但平時只開80W。

晚上如果都待在書房，客廳只是過渡空間，留盞5W的LED燈即可，還看得到窗外的夜景。

主臥室及次臥室

本來在混凝土天花板裡各有4盞嵌燈，裡面的鹵素燈泡就像4個太陽既刺眼又炎熱，主臥室床頭部分改成LED間接照明＋LED閱讀燈，化妝台前有左右2盞LED燈泡，化妝時有足夠且均勻的亮度，次臥室將其中2盞嵌燈改成LED燈泡；2間臥室的衣櫃旁均改成亮度均勻且足夠的T5螢光燈管，要找衣服或打掃房間時才開，但因時常開開關關且每次開不久，T5燈管掛了幾次，5年後改成LED燈管。

鹵素燈泡換成LED燈管＋LED燈泡。

主臥室原來耗電功率50W*4＝200W變成10W*3＋5W*2＋7W*2＝54W，平常只開10W。
次臥室原來耗電功率50W*4＝200W變成10W*2＋5W*2＝30W，平常只開10W。

廚房

原本是傳統式安定器的T8螢光燈管，改為T5螢光燈管＋LED燈泡＋省電燈泡＋加強亮度反射板＋多段式切換開關，可以切換需要的亮度、營造不同的料理氛圍。

原只裝設T8日光燈管，亮度有點不足，換成T5日光燈管＋LED燈泡＋省電燈泡＋加強亮度反射板＋多段式切換開關，其中省電燈泡是裝在吊燈，光源下降讓廚房整體亮度提高許多。
原來耗電功率40W*1＝40W變成14W*2＋13W*2＋5W＝59W。平時只開26W或5W，需要很亮時才會59W全開。

書房

書房是我們夜間使用時間最長的地方，而前屋主設計師所做的照明設計並不適合我們的需求，間接照明原本是傳統式安定器的T8日光燈管，由於天花板的設計造成即使燈管裝得再亮，書桌的位置還是覺得暗，故更換成LED條燈，但由於亮度較低，所以裝在側邊。

天花板嵌燈原本是BB燈，改裝成適合LED燈泡的E27燈座，後來覺得嵌燈的位置很尷尬，該亮的地方仍然不夠亮，所以將其中2盞的燈泡拆下，在座位的左上方裝LED投射燈，終於解決問題。

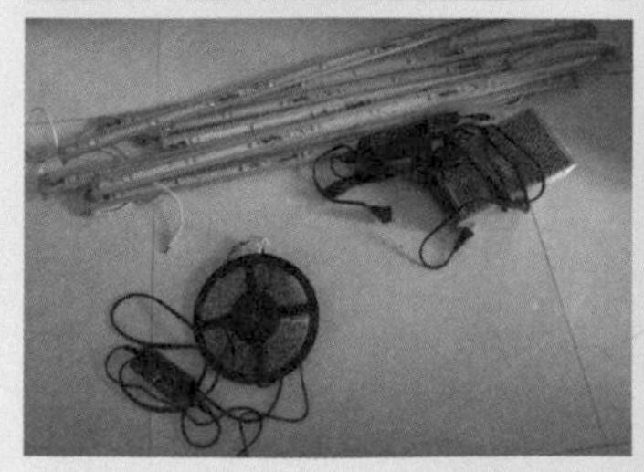

T8螢光燈管換成LED條燈＋LED燈泡
原來耗電功率25W*5＋40W*5＝ 325W變成13W*5＋5W*5＝90W。

廁所

原本使用鹵素燈泡，既熱又會燒焦頭髮，改成省電燈泡5年後再換成LED燈泡。

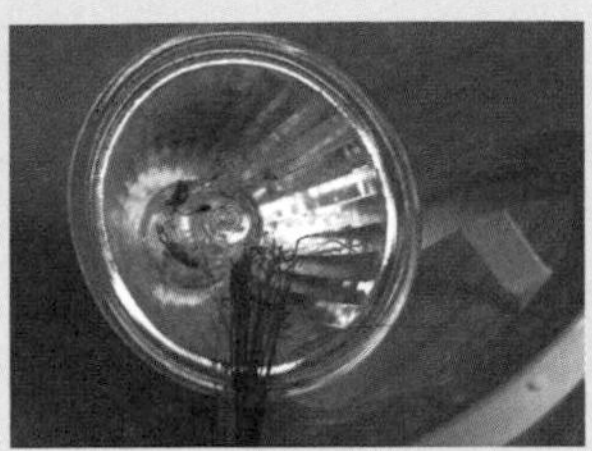

原來耗電功率50W*2＝100W變成8W*2＝16W。
由於新的燈可獨立控制，所以平常刷牙、洗臉、上廁所都只開1盞（8 W），洗澡時才加開另1盞。

LED光源就是王道

自從2006年我們的居家改造到今年綠適居[1]的本書出版，已經歷經10年，在這些年中照明起了重大變革，LED光源的成本已經下降到約10年前的省電燈泡或是T5燈管的價格，所以現在是LED光源當道，以前某照明教授發明的換燈口訣：「T8燈管→T5燈管。粗的換成細的，短的換成長的」，可以改成「點光源用LED，線光源用T5或LED」，因為目前LED點光源的發光效率及CP值已經大大超越省電燈泡，線光源部分T5燈管的發光效率雖略勝LED線光源一籌，但也相距不遠了，CP值甚至不相上下。台灣擁有全世界最多的LED製造廠，選購時要特別注意，如果買到標示不明或是光衰很快的，那就得不償失。目前建議大家要購買有「LED燈泡易讀標示」的產品，才比較有保障。

「LED燈泡易讀標示」為台灣光電半導體產業協會、台灣區照明燈具輸出業同業公會以及工研院聯手共同推動，於產品外包裝盒上以專屬圖樣標示，強調額定色溫、額定光通量、額定演色性指數、額定發光效率四個重要的LED特性參數，使消費者簡單明確的瞭解LED燈泡的性能，教育消費者選購重點，並藉由審查稽核機制，規範市售產品標示不實之問題，建立標示可信度。以達到提升國內LED燈泡品質優良之效益。

LED燈泡易讀標示

購買指南

材料名稱	推薦品牌	哪裡買	備註
EZ POWER 電力計	齊碩	綠適居社會企業網路商店 http://www.pcstore.com.tw/soenergy/	可量到小數點下兩位

備註：由於市面產品眾多，上網搜尋便可找到相當多的資訊，選購時還是要謹記貨比三家不吃虧的原則，建議購買有「LED燈泡易讀標示」的產品。

原木、榻榻米等自然素材再加上充足的通風，便能擁有乾爽舒適的居住環境。

Chapter 4

管理良好的水環境

你家潮濕嗎？
給我健康好濕度，
防黴又防潮，氣喘、過敏不上身

從側面補得像幅畫的立面看得出，漏水漏得挺嚴重。

房子內濕度高，到處黏答答，細菌容易滋生，人也覺得悶，影響所及不僅僅是房子本身、房屋內保存物品的壽命，也會影響到居住者的健康與舒適。如果你有以下的感覺，都是家裡濕度太高的徵兆：

1. 天花板或牆面有壁癌，油漆容易剝落。
2. 天花板滲水，外面下大雨，室內下小雨。
3. 木作天花板有泡水的痕跡。
4. 浴室天花板及牆面有發黴，矽力康已發黑
5. 屋內經常有霉味，一進屋裡就想打噴嚏。
6. 木作家具容易發黴、金屬家具容易生鏽。
7. 棉被蓋起來重重的。
8. 書櫃的書沒泡到水也皺皺的。
9. 常在角落或書本裡看到潮濕蟲（鼠婦）。

通風防濕，不要黴

家裡除了「熱」會讓人受不了，太過潮濕、有難聞的黴味同樣會讓人不舒服，甚至還會引發氣喘、過敏等健康問題，這是因為黴菌孢子不但會散布空氣中，還會附著在家具、木作裝潢、窗簾、衣服，甚至皮膚上，對健康產生危害，也會使家具變形、腐朽，家電的機械運轉能力降低；此外，屋頂樓板與外牆受潮後，隔熱保溫的能力也會大受影響。

空氣流通與光線充足，黴菌就無法生存。

很多醫生都會說，黴菌在濕度50%、溫度11℃以上就能繁殖生長，而大部分黴菌會在70%以上的濕度好發，由此可知黴菌是個厲害的傢伙。不過黴菌千百種，台灣平均濕度為78%，豈不是到處都有黴菌？這倒不用太過害怕，依我的經驗，在人體的舒適溫度範圍19℃～26℃內，將濕度控制在70%以下，浴室及廚房的潮濕積水不持續超過24小時，便能有效避免發黴的情形產生。

要杜絕黴菌，首先必須保持良好的「水環境」。水環境牽涉的範圍很廣，舉凡房子的「防水」、「給水」及「排水」都包含在內。打個比方來說，給水設備就好像房子的動脈，負責提供飲用、煮飯燒菜、洗澡、盥洗、清掃之用水，這些管線必須密封不漏水；排水設備則如同靜脈，是負責排出居住者使用過的污水、廢水，加上戶外的雨水管道，都必須確認暢通無阻、不積水。另外，黴菌喜歡陰暗潮濕，因此保持室內空氣流通與光線充足是很重要的。

購屋、租屋前仔細檢查，我家不是漏水屋

房子漏水是購屋糾紛排名榜首，沒有人希望買到一個會漏水的房子，因此強烈建議大家在事前仔細確認，事後可以省去不少麻煩。

看房子時的檢查項目包括：天花板、牆面、窗框四周有無水漬或壁癌；排水是否順暢，尤其須注意陽台及浴廁地面是否容易積水，買頂樓的還要上屋頂看看是否有積水。不論購屋、租屋，建議大家不妨找個下雨天看一次房子，因為一旦房子會漏水，下雨天就會現出原形。如果無法在下雨天看房子，可以將廁所的天花板或維修口掀開，用手電筒檢視是否有漏水的痕跡，其他空間則是直接看天花板是否有水漬或油漆剝落的狀況。但若賣方於近期重新油漆，就很難判斷，必要時先請教附近鄰居屋況，有時也能協助了解實情。

防水沒做好，會遇到的漏水情形超乎想像。

但如果不幸買到會漏水、積水的房子，或家中原本就有漏水、積水的問題時，就必須徹底找出問題並加以解決。我們曾拜訪過一位教授，他家中的廁所因樓上住戶的馬桶給水管漏水，不斷地滴水，經過三年的溝通，對方一直不願意配合修繕，只能任憑天花板裸露而且繼續滴水，長滿了黴菌，實在很慘。

1 屋頂防水失效，導致天花板潮濕、油漆剝落。
2 廁所上方漏水，導致天花板的混凝土終日潮濕、孳生黴菌。

檢查積水、漏水常見地點

要如何檢查漏水、正確抓漏？很多人以為一定要去找抓漏師傅，其實自己就可以檢查，水的流動基本上只有兩種物理現象，一是重力現象：水一定往下流。二是毛細現象：水會沿著毛髮、纖維、裂縫到處竄，甚至會往上爬。家中容易積水的地方包括屋頂、陽台、露台及浴室。屋頂、陽台及露台容易有雨水入侵，浴室則因為是洗澡沐浴之處，所以這些地方的地面施工一定要平整，並且有適當的洩水坡度設計，才能將雨水或洗澡水順勢導入排水管中，否則造成積水影響室內濕度，甚至滲入地面混凝土的縫隙中造成漏水，都是令人傷神的事。

最容易漏水的地方則是天花板、外牆、窗框附近，主要原因是混凝土產生裂縫再加上防水層失效，而裂縫產生的原因不外乎是混凝土在凝結時養護不足、地震或風力造成建築物搖晃，窗框附近則是鋼筋補強不足、砂漿填充得不確實而產生。此外，廚房、洗衣機和冷氣機設置處，都要逐一檢查。

積水、漏水等情形使得家中裝潢損壞、腐爛，健康也受威脅。

積水、漏水問題檢查表

問題	位置	檢查要點
積水	屋頂、陽台、露台、浴室的地面	洩水坡度是否正確 地面是否平整 排水是否會堵塞或不順 排水口是否會冒水或冒泡 屋頂排水口是否用高腳落水頭
漏水	天花板	是否有裂縫
	鄰室外側或浴室側的牆面 窗戶周圍的牆面	油漆是否有剝落 是否有水漬或壁癌
	屋頂、陽台、露台的排水管	地板排水是否為明管
	廚房、浴室的給水管 廚房、浴室的排水管	給、排水管是否會滴水 給、排水管是否為明管 馬桶基座周圍是否總濕濕的
	廚房排煙管 浴室排氣管	管路的斜度是否室內高於室外 外牆的開口處縫隙是否填補確實
	冷氣室內機排水	是否有設置排水口 排水口是否有堵塞

漏水是水環境管理最大的敵人

室內漏水現象	漏水外部原因
室內天花板滲水白華壁癌	屋頂漏水 凸梁漏水
室內牆壁滲水白華壁癌	外牆接縫漏水 浴室漏水
室內開口部滲水白華壁癌	窗框45度角應力裂縫漏水 進氣口、排氣口漏水 空調冷媒管穿梁管漏水
室內踢腳板部位滲水白華壁癌	樓層接縫處漏水
樓下鄰居陽台天花板滲水白華壁癌	陽台漏水
屋凸外部磁磚白華	水塔漏水
樓梯間牆壁滲水壁癌	水塔漏水
地下室天花板滲水白華壁癌	社區中庭水池漏水 社區花台漏水
地下室水箱外部滲水白華壁癌	地下室水箱漏水
電梯井底部積水、車廂內空氣潮濕	電梯井漏水

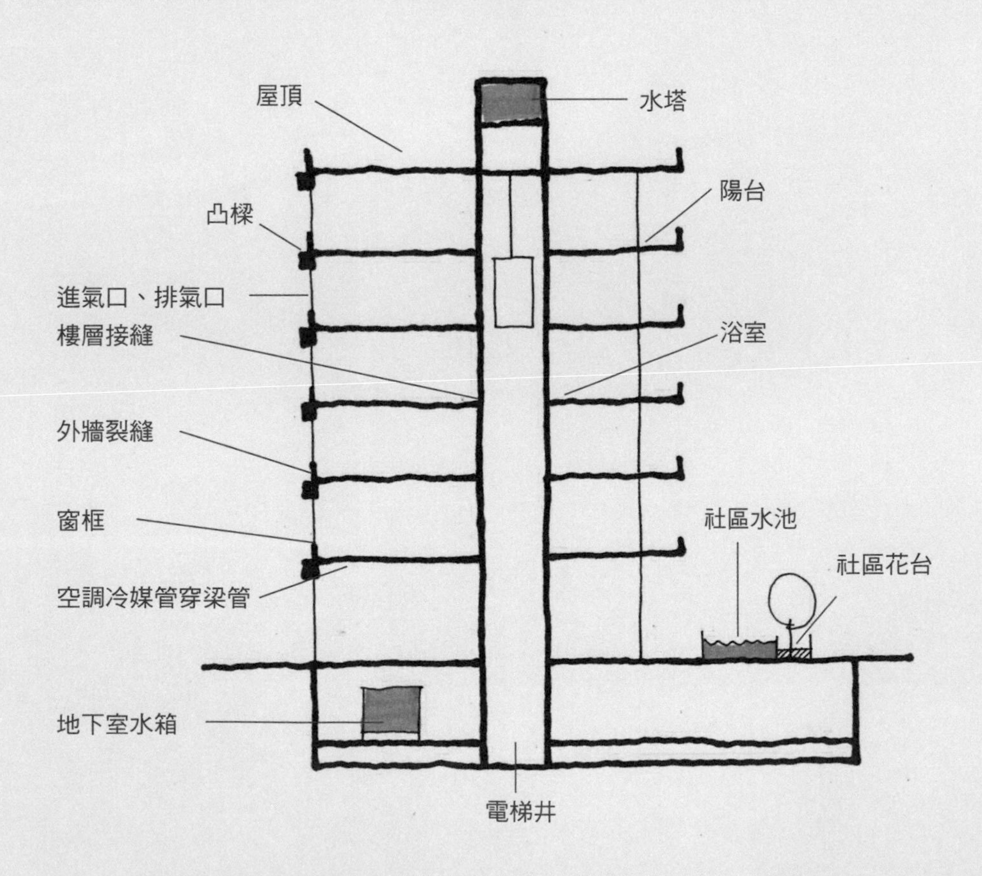

使用物理性手法排水，木造房子一樣不漏水

在國外，即使是木造的房子，也不會有漏水的問題，因為他們有效地將水排走，讓水沒有機會進入室內，例如窗戶上方一定會有雨庇，雨水管為明管可避免水管破裂而滲漏至結構體，排氣口採深罩式以阻擋水灌入。

天然的手法也能有效擋水，用剖半的竹子交錯相扣，便能引導水流走，這是我從原住民的住家屋頂學習到的。之前因為擔任建築屋頂隔熱補助推廣計畫的研究助理，勘查現場的關係，我看了不少建築的屋頂，幾乎都有漏水的問題，其中令我印象最深刻的，是彰化一棟自己蓋的兩層樓透天厝，屋頂表面沒做任何防水卻沒漏水，屋主表示當初蓋的時候混凝土養護得很確實，也就是在混凝土凝結時有保持濕潤，不讓它乾得太快而產生裂縫，洩水坡度也作得很足夠，因為他們家的混凝土屋頂看得到山坡山谷（排水口）的起伏變化，一下雨，水一下子就排掉了。

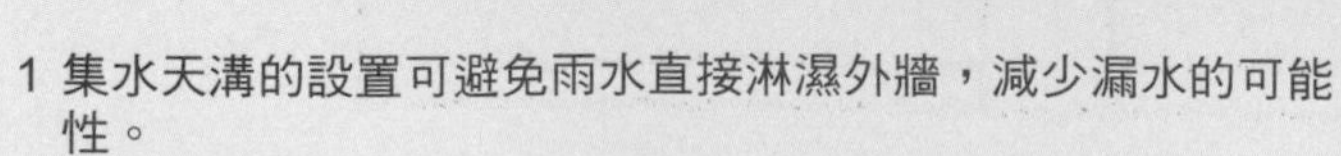

1 集水天溝的設置可避免雨水直接淋濕外牆，減少漏水的可能性。
2 窗戶有雨庇，雨水就不容易滲入。
3 原住民用剖半的竹子交疊使用，形成一條水路擋水。

天然礦物漆塗料耐候又防水

中世紀巴伐利亞國王為了讓建築壁畫不受氣候影響而腐蝕受損，請科學家開發出能與石質建築物表面合成一體的塗料。時至今日，這樣的塗料仍被使用著，因為是天然的礦物漆，所以天然無毒，而且耐燃、耐候及耐紫外線，其中透氣及防水的特性，更是適合用於牆面。

因為朋友介紹，讓我們得以參觀一棟採用礦物漆塗內、外牆的建築作品。它的白色外牆，不但能反射太陽的輻射熱，加上耐清洗、局部修補也無色差的特性，對於落塵量大、多地震的台灣來說，是個不錯的選擇。

台灣的外牆多習慣貼磁磚，但經過歲月的累積，遇到地震或是施工不良時，磚縫震裂後防水層被破壞，便成為漏水的來源，而且很難抓漏，再加上磁磚不知何時會脫落墜下砸傷人，不但危害行人安全、影響美觀，防水功能也因此被破壞、造成室內壁癌，有些較有歷史的建築物會搭防護架以策安全，但實在不美觀。

建築外牆除了貼磁磚外，有些使用乾式施工、外掛建材的方式（最常見的是石材），的確能解決漏水的問題，但費用較高，不是每個人都用得起，而且之前有發生掛石材的鐵件脫落、石材落下砸死人的新聞，讓人走在人行道都心驚膽跳，所以我認為外牆用塗料是很好的方式。

鐵皮建造快、防水好，也能兼具美感

如果外牆有漏水和日曬的問題，加一層鐵皮是最好的方式，鐵皮跟原本的牆面之間可以放隔熱材或保有流動空氣層，既防水又隔熱。鐵皮是很好的防水建材，施工速度又快，只是一般人都將它與違建畫上等號，在不追求美感、只為節省成本的狀況下，台灣的鐵皮屋都不是很好看，其實鐵皮屋也可以很有質感、很美觀的。

1 建築主體是鋼結構，外覆企口泡棉烤漆鋼板。
2 屋頂是鋼瓦。
3 左邊是貼磁磚、右邊是仿磁磚紋路的鐵皮。
4 房子若有漏水和熱的問題，直接做一層鐵皮並塞隔熱材，速度快又達到防水隔熱效果。

改善手法1 排除積水問題

如果是因為排水管阻塞而流得太慢或積水，就要快快將阻塞的原因排除，毛髮通常是阻塞排水管的原因，盡量用物理性的方法清除，例如用通管器將毛髮鉤出，或拆下存水彎清除毛髮。至於原始的排水設計是否妥當，就要查看洩水坡度了。何謂正確的洩水坡度呢？假若有一間浴室，排水口在門口的斜對角處，那麼洩水坡度就應該以另外三方為高點、排水口為低點，平緩地讓水能順利流入排水口。

上述洩水方式適合用在抿石子或小尺寸地磚的場所，若你想貼大一點的地磚，建議可讓水先統一流至小排水溝裡再流入排水口，而排水溝則可以設置在不容易經過的地方。若看到了排水不良或漏水的問題，但又覺得敲除地面、重新施作的工程實在太浩大時，最簡單的做法是：自己勤快一些，洗完澡時養成好習慣，用橡膠刮刀將水刮除或用拖把將地板的積水吸乾，並開啟抽風扇持續通風以排除剩餘的濕氣。

改善手法2 排除漏水問題

如果確定壁癌原因是漏水造成，那麼根本的解決之道就是排除漏水：頂樓住戶要將屋頂防水層修補好或重新施作；因樓上施工不良而漏水的住戶要趕緊與鄰居溝通。若家中窗戶角隅會滲水，要從外牆進行修補工作，無論用何種工法修補，一定要簽約並要求保固年限，建議要求保固3年以上，廠商如果願意保固，基本上就是一個負責的廠商，因為防水如果做得不好，颱風大雨一來便可見真章。

我們家很幸運沒有積水及漏水的問題，不過同一棟大樓的頂樓鄰居，卻是家家戶戶每到下雨天就會漏水，主要原因是建商施作的屋頂防水層太薄了，甚至沒有抗紫外線的保護層，導致防水層產生大量的龜裂、剝落，再加上屋頂層的混凝土養護不佳，下雨時就會順著混凝土裂縫向下流入住戶家中，真的是很困擾。

如果大樓興建時，讓凝固中的屋頂混凝土噴水保濕養護好，便不會產生乾縮裂縫，甚至不需要防水層就可以阻擋水往下滲流，如果混凝土有裂縫就必須靠混凝土上面良好的防水層，才能夠防止滲水。如果要種植物或做水池，防水就要做得更穩當，因為漏起水來會十分令人頭大！最有效就是以焊接的方式做一個不鏽鋼水槽，這樣一來植物的根無法穿透破壞混凝土，不鏽鋼的材質特性也足以抵擋土壤或水的壓力，地震來時也因為具有韌性可變形，所以也不會產生裂縫。

1 加壓馬達等設施物固定在屋頂面會破壞防水。
2 防水層太薄，混凝土都外露，當然會漏水。
3 老建物的屋瓦毀損，用帆布解決漏水問題。

屋頂重做防水層工程

防水層要做得好，監造佔很重要的角色，剷除原有防水層後，施工前屋頂層必須在無雨的天氣曝曬一週以上，讓混凝土裂縫中的水氣完全蒸發殆盡才行，正式施工也必須選擇晴朗的好天氣進行。

記得在塗上防水層之前必須先塗底漆，然後再塗上厚度至少2mm的防水材。而防水材的塗佈要力求完整，一個角落都不能馬虎，容易滲水的角隅及落水頭周邊要加強塗佈，若遇到女兒牆及屋頂突出物周圍的牆面，靠近地面10公分的磁磚要敲除，並塗佈防垂流型防水材。如果塗好防水層後，混凝土本身還有水氣，此時太陽的熱會讓水分蒸發成水蒸氣，而水蒸氣的體積會膨脹1,700倍，將防水層擠出氣泡，這時候可用刀子把氣泡劃開，讓水蒸氣跑掉再局部重新補上防水材。防水工程的細節非常多，如果其中一個環節沒注意，水就會找裂縫鑽，這就是防水抓漏的公司永遠都有生意做的原因。

STEP1將原本的防水層敲除。

STEP2全面清除乾淨並曝曬至少一週。

STEP3落水頭附近的防水要加強。

STEP4將加壓馬達及空調室外機上移，固定在女兒牆。

STEP5防水層厚度要夠，至少要2mm，周邊要往上塗約10cm高，讓整個屋面像個大的塑膠盆。。

STEP6防水層乾透後，開始放水試測漏實驗。

STEP7放滿後要測96小時以上，如果樓下住戶沒有人說會漏水就表示成功了。

改善手法3 解決壁癌問題

漏水漏久了，牆壁就會產生壁癌，甚至連裡面的鋼筋都會腐蝕、膨脹而影響結構安全，所以要根除壁癌必須先解決漏水的問題，解決漏水問題後，再把產生壁癌的牆面塗料及水泥砂漿粉刷層刮掉。刮要刮得徹底，刮到看得到磚牆或混凝土的地步，才能重新塗上水泥砂漿及表面塗料，否則沒有辦法真的解決問題。

如果漏水的原因實在很難處理，也可以於室內側再做一道新的牆，新牆要做好防水處理，新牆與舊牆之間預留一道排水溝，並將這些水有效排出，這稱為複壁工法，常用在地下室，因為地下室的外牆會有地下水滲入或結露的情形。

1 家裡有壁癌容易讓人生病。
2 漏水嚴重會導致鋼筋腐蝕、影響結構安全。

改善手法4 正確換氣、有效除濕

演講時，常遇到聽眾反應家裡有潮濕的問題，連中南部這麼乾燥的環境都還會，這表示通風方式不正確。這樣的情況常出現在白天出門緊閉窗戶、晚上回家才開窗通風的房子裡，白天若沒有通風，廚房和浴廁的濕氣會漸漸瀰漫整個空間，晚上回家開窗又引進較潮濕的空氣，屋子裡始終都處於高濕狀態，霉菌和塵蟎就會大量繁殖，這也是為什麼過敏的人越來越多的原因。

白天有太陽時室外濕度很低，大約40%，這時應持續微量通風，讓乾燥的空氣進入家中，晚上的空氣濕度比較高，回家想大量通風時，家裡已經被乾燥過，可以調節進來的濕空氣，這樣就能有效控制濕度，但最好還是在家中放台溫濕度計，觀察其變化，如果遇到連續下雨的天氣，怎麼通風都無法降低室內濕度時，就要派除濕機出馬了。

改善手法5 選用防潮、防黴的材料

現在的科技十分發達，除了以上介紹的改善手法外，還可以在房子裝潢時就多注意相關建材有無防潮、防黴的特性。日本有一種會呼吸的健康壁磚，外表長得跟一般壁磚一樣，材質則是以天然的黏土礦物「水鋁英石」等主原料經過高溫燒製而成，水鋁英石是附含於火山灰土壤中的粘土礦物（鋁矽珪酸鹽）的一種，因為有較多1微米以下的毛孔，所以對於吸放濕氣有很好的效果，潑水上去馬上會被吸收，由於具有控制濕度的功能，所以可以防止露水凝結，也可以抑制黴菌成長，除此之外，這種壁磚還可以吸收甲醛、異味及揮發性有機化合物VOCs。

還有一種在日本常見的材料，它是一種古代單細胞植物性浮游生物外殼的化石，叫『珪藻土』。這是古代珊瑚所變成的石灰石，再將這些石灰石用來作為牆壁塗料的原料，珪藻土的特性是具有奈米等級的多孔質構造，跟備長炭一樣可以用來調節濕度，同時也可以吸附異味，由於是自然素材，不會產生甲醛等發揮性化合物，而且具有很好的防火特性，所以被發展成牆壁的塗料。

可惜以上兩種材料價格都不便宜，其實做好房子的防水及通風，這樣的建材就不一定要用，不過有種材料我覺得很不錯，就是防霉的填縫劑，防霉抗菌、堅硬如瓷、密封防水、久不變形，適用於浴室廚房周邊填縫。

改善手法6 管好冷媒管和風管的保溫披覆

裝潢好的房子如果完全沒有漏水，但是開啟冷氣時天花板會發生滴水的現象，若再摒除冷氣室內機排水管路堵塞的問題，最有可能就是隱藏在天花板的冷媒管或金屬風管缺乏保溫披覆，一旦較高溫度的室內空氣接觸到冷媒管或風管的低溫表面就會產生冷凝水，如同剛從冰箱拿出的可樂罐一樣，表面會不斷地冷凝結露甚至滴水，所以空調冷氣施工時，要請師傅特別注意做好管路保溫披覆的工作。

冷媒銅管直接外露，冷媒溫度低很容易外表冷凝結露甚至滴水，導致天花板漏水。

改善手法7 自然調濕法：多使用原木家具、備長炭或竹炭

原木會吸收空氣中的水氣，所以採用沒塗裝或只上護木油的原木家具及裝潢，可以使室內保持乾爽。但若家中已經擺不下任何原木家具或裝潢的話，可以善用備長炭或竹炭，將其放在可透氣的竹籃或藤籃等容器中，也可以將顆粒狀的炭製作成除濕包，這些經過炭化之後的木質纖維比原木具有更多孔隙，這種「多孔質」（無數的小孔）的性質，有吸收臭味、有毒物質的功能。將這些小孔攤平後算它的表面積，一公克的備長炭就有300～400平方公尺，所以吸濕調濕的效果比原木好很多，使用的體積就可以不用太多，大約3坪的空間使用1～3公斤的備長炭或竹炭即可，您可以衡量預算，使用越多當然效果越快越好。

備長炭或竹炭能吸附塗料所釋放的甲醛、臭氧、室內異味及其他揮發性有機化合物，也可以搭配室內植物清淨空氣，讓室內的空氣品質更好。第一次使用前可用清水刷洗，太陽曬乾或風乾後即可。如有灰塵或污垢以濕布擦拭乾淨以提高吸附力，如果放在

1 我自己做的原木餐桌只有上表面塗佈天然護木油，讓它保有調濕作用但不會吸入咖啡或湯汁，桌腳及桌板下表面都不塗，省了不少時間和金錢。
2 備長炭放在浴廁裡吸附臭味及濕氣。
3 備長炭能除濕、除臭，又可消除電磁波。
4 竹炭（左）及備長炭（右）均有除濕的功能。

不通風的空間或櫥櫃，可搭配濕度計判斷潮濕狀態，當濕度超過70%，就需要將備長炭或竹炭拿到太陽下曬乾，保養簡單並可長期重複使用，至於吸飽異味的炭則可當成植栽的有機肥，相當符合現代人節能減碳的環保新生活訴求。

改善手法8 明管好維護，收集雨水超方便

近年來有些優良的建商不再只是標榜用的建材有多高級，也開始注重防水這類最基本的問題，例如樓板用雙層鋼筋可預防龜裂漏水、混凝土厚度15公分以上可提升防水性、給排水管採明管設計而不埋於結構體內、防水層做漏水測試等等。

明管設計可避免維修時拆除管道間及干擾住戶，亦可避免管路噪音。

1 明管設計可避免維修時拆除管道間及干擾住戶，亦可避免管路噪音。
2 雨水管為明管，排氣口有遮雨罩，窗戶上方有雨庇。
3 雨水管做明管不埋在柱子裡，想做雨水收集只要在末端裝簡易過濾的雨水桶即可。
4 明管在室內側，不做天花板也是另一種風味。

改善手法9 保溫熱水管，熱水不遲到又省能

我家一年四季都用熱水洗碗，一方面可以減少使用清潔劑，另一方面排水管的油垢也不容易累積。許多人一定覺得這樣很耗能，但只要做好熱水管的保溫，就不用擔心耗能問題。

通常熱水管都埋在混凝土裡，當管路沒有保溫，熱水管經過的混凝土會被加熱，直到混凝土夠熱了，水龍頭流出的水溫才會接近熱水器設定的溫度；管路越長，等待熱水的時間也會越久，這問題在透天厝更是嚴重。

你家房子的熱水管有沒有保溫？管線會不會太長？這些都會影響用水的品質和能源的消耗，給水管若為明管並有保溫披覆，會比埋在樓板體裡更節能，因為空氣的傳導能力比較差。如果已經無法重新為熱水管線披覆保溫層，務必要換裝成可控溫的瓦斯熱水器，調到直接洗澡的熱水溫度（我家夏天40度、冬天43度），洗澡時直接開熱水，不用再去跟冷水中和，避免熱水運輸中的熱損失。

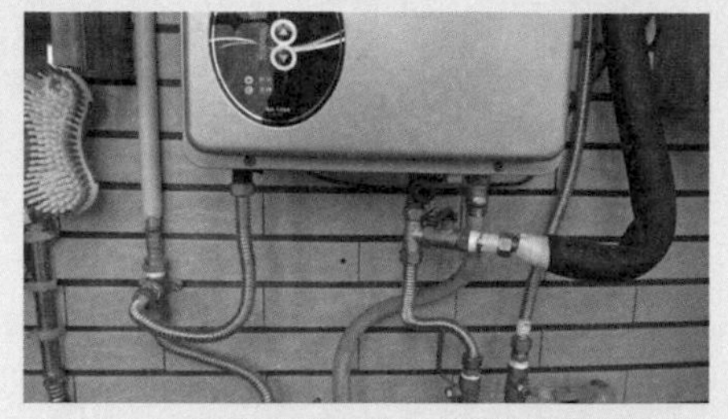

左側水管原本就有保溫披覆，可埋在混凝土中。右側水管原本沒有保溫披覆，自己再加裝泡棉。

如果管線實在太長，乾脆在使用端裝瞬熱型的電熱水器，反而比較節能，例如透天厝的廚房在一樓，但熱水器在四樓，熱水管又沒有保溫披覆，那就直接在廚房裝瞬熱型的電熱水器，才不用為了等熱水而浪費許多冷水。

改善手法10 水塔也需要保溫

台灣許多透天厝都在屋頂設置不銹鋼水塔，由於不銹鋼的熱傳導係數很高，吸熱、散熱快速，如果沒有保溫隔熱，容易造成夏天水很熱、冬天水很冷的情形。尤其冬天熱水器在將冷水加熱到需要的溫度時，若原本的水溫太低，會造成生活熱水溫度不足或加熱過度耗能的現象。這種金屬水塔最好都能夠有保溫隔熱的外壁體，或是把水塔放入一個小機房內，讓它夏天曬不到太陽、冬天吹不到寒冷的北風。

台灣透天厝常見這樣閃亮亮的不銹鋼水塔。

購買指南

材料名稱	推薦品牌	哪裡買
備長炭	黑鑽	岳紘實業股份有限公司（04）23826812
礦物漆	KEIM德國凱恩	交泰興有限公司（02）23946060
鐵皮建材場		誼冠鋼品有限公司（04）23359335
防霉填縫劑	防霉晶鑽膠	崇越電通股份有限公司（02）27513939

備註：市面產品眾多，只要用本書的材料名稱，上網搜尋，便可找到相當多的資訊，以上是我們用過覺得不錯的產品，選購時還是要謹記貨比三家不吃虧的原則。

Chapter 5

安全節能的居家電器設備

小小改變用電習慣，
看著電費單也會笑

節能減碳 愛地球

最近這些年來，因為全球暖化效應，全世界掀起節能減碳的風潮。省電可以減碳救地球，為什麼？世界上的電大多由火力發電廠產生，火力發電即是燃燒煤、石油或天然氣等化石燃料，燃燒的過程中會釋出二氧化碳，所以我們人類用的電愈多，釋出到大氣層的二氧化碳也愈多，地球的溫度也就愈高；聽說只要地球再熱個2℃，氣候異常帶來的災害，就會達到令人類社會難以消受的地步了。家庭能源使用的結構大部分是電力，所以想要節能，從自己住家下手響應節能救地球，空間是很大的。

電器與現代生活息息相關，在打造宜人的光環境中我們已提過該如何選擇省電的人工照明，現在則要談談如何選擇其他的家用電器設備。台灣是一個極度缺乏天然資源的國家，所以目前家庭能源使用結構大部分是使用電力，但一般民眾的日常生活因為飲食的習慣，也使用了大量的天然氣與瓦斯。

台灣家庭能源使用結構

照明	電力
空調	電力
電器	電力
資訊產品	電力
爐具	天然氣、瓦斯、電力
熱水	天然氣、瓦斯、電力

大家想一想，為什麼要使用這麼多電器、消耗這麼多能源？還不是因為我們想要過舒適的生活。我要再次強調，想過得舒適並沒有錯，正確的想法應該是「用當用、省當省」，在不危害安全、健康及舒適的生活前提下，不浪費能源及資源，提高能源使用效率，大家一起來「聰明用電器」、「舒服省電力」。

成功大學林憲德教授在他的研究「住宅類建築耗電監測與解析」中得到一個結論，台灣住宅節能效益最佳方向是家電、照明與空調，仔細來說：公寓大樓類型全年以家電用電比例最高51%、照明＋其他27%、空調22%，但空調季節空調比例上升至41%。透天厝類型全年以家電用電比例最高48%、照明＋其他34%、空調18%，但空調季節空調比例上升至32%。

乍看之下，好像是家電產品節能潛力最高，但事實上在家居生活中因為家電產品使用時間長、很多家事又是一定得做，在我們的經驗中，反而是空調及照明節能效益是最高的。因為以目前的技術能降低的電器用電量有限，除了使用變頻機種調整耗電量、首先汰換長時間使用的舊電器，省下的電費才會比較明顯，否則遠遠比不上做好隔熱所省下的冷氣用電量。

我們家中的電器設備在這10年中，隨著新科技一直不斷地改進，最終版本是：

照明部分：節能燈具（LED燈泡、LED燈管、LED檯燈、T5燈管）

空調部分：變頻式空調、變頻浴廁排氣扇、變頻立扇

家電部分：變頻式冰箱、變頻式抽油煙機、變頻洗衣機、變頻微波爐、省電開關插座、智慧電表

當然還有一些資訊產品與小家電，因為相較之下使用頻率較低、耗電量小，就不在此討論了。

1 運轉時可以順便帶動工作陽台空氣流動的1對3變頻分離式空調室外機。
2 自行安裝的變頻DC直流節能吸排扇做為全屋換氣之用途。

省電節能唯一招——降功率，省時間

居家電器設備要如何安全節能？最重要是要了解電量、電費是如何計算。

電量的計量單位為瓩時（kWh），通稱為「度」，1度電指耗電功率1000瓦（1kW）的電器設備使用一小時（1h）所消耗的電能，例如，10顆100W的鎢絲燈泡點燈1小時，就是1度電。所以電費的計算公式如下：

電費（元）
＝電量（度）×電價（元／度）
＝耗電功率（仟瓦）×時間（小時）×電價（元／度）

看著這個公式，三個影響電費的因數分別為電器功率、使用時間以及電價。其中電價顯然並不是像你我這樣的小市民所能掌握，因此想要降低電費，就只有我從2004年開始到處演講推動的「省電節能唯一招～降功率、省時間」一途！

口訣：

功率
Watt
W

時間
Hour
H

電費
＝度數（KWH）×電價（元／KWH）
＝功率（kW仟瓦）×時間（H小時）×電價（元／KWH）

時間＝0，零耗能

所謂的「降功率」，就是選用低耗電功率的設備，例如LED燈泡、變頻空調，而「省時間」則是減少使用時間，例如養成隨手關燈、關閉待機電源的習慣。除了空調與照明部分，家用電器節能的影響是很大的，我們認為家電的節能關鍵，就是選購變頻、低功率的產品，並養成正確良好的使用習慣，減少使用時間，善加利用定時器、隨時注意關閉待機電源，降低不必要的浪費。

省電第一步，從看懂電費單做起

家中最常出現的四種單：電費單、瓦斯費單、水費單、油單，除了水是資源外，其他都是能源，其中以電費單最為複雜，上面有一堆密密麻麻的數字，你曾經好好研究過嗎？右邊是一般家庭的電費單，有些重點需要注意。

1.

碳（CO_2）排放量：除了電費資訊外，為提醒民眾節能減碳，帳單右上角還有碳排放量的標示，那是電力生產過程中平均會排放的二氧化碳量，計算方式為電力排放係數乘以用電度數，每年的電力排放係數不同，可上能源局網站查，本期係數為0.52。

◎貴用戶本期用電排放 CO_2 約　　　170　　公斤
敬請節約用電，以減少 CO_2 排放，降低地球暖化衝擊
◎104年下半年電價費率審議會審定之每度
燃料成本為1.5395元

2.

電號：共11碼，是在用戶申請用電、供電後台電對每一個供電契約給的編號，一個供電契約對應到一個電號，台電依據電號可快速查出用電資料，通常的狀況是一個電表一個電號，有些透天厝可能會有2～3個電表，那就會有相對應的電號與帳單。

繳費期限：若沒有在期限內繳費，將被徵收遲付費用。2個月收費一次的用戶，逾期1至7天為寬限期，超過期限第8天起至第14天繳費者，加計應付電費的1%，逾繳費期限第15天起加計2%，遲付費用未滿5元以5元計，費用將併於下次電費中。

應繳總金額：本期應繳電費，大部分民眾只看這一欄。

電子帳單

104年(Year)10月(Month)電費通知及收據

1.
◎貴用戶本期用電排放 CO_2 約 170 公斤
敬請節約用電，以減少 CO_2 排放，降低地球暖化衝擊
◎104年下半年電價費率審議會審定之每度燃料成本為1.5395元

40874
中市南屯區三厝街
邱繼哲

先生/女士/寶號

K07BASJ K0104110300892　　收據號碼：E-K0104110300892

2.

電號 (Customer Number)	繳費期限 (Due Date)	應繳總金額 (Total Amount)
07-28-2311-	104/11/05	*****656 元

◆ 逾上列繳費期限第 8 天起按應付電費加計遲付費用，計收方式請參閱電子郵件說明。

◎ 於代收截止日 104/12/07 前得向代收單位(詳電子郵件)繳費，如欲採金融機構電話語音、網際網路、ATM 繳費(辦理之金融機構可參考本公司網站或洽客服專線)，查核碼為「255」；如採行動電話繳費，繳款類別為「21516」，銷帳編號為「07282311430255」。

計費期間：104.08.06至104.10.06　本次/下次收費日：104.10.13/104.12.10　輪流停電組別：C　饋線代號：3D67

3.

基本資料		計費內容	
用電種類：	表燈　非營業用	流動電費	685.8元
底度	40	分攤公共電費	385.7元
計費度數(度) 經常度數	327	節電獎勵	-410.4元
公共分攤戶數	84	免印寄單據減收	-5.0元
		應繳總金額	656元

4.

本期同棟大樓平均用電度數622度

比較項目	用電日數	度數	節電量	日平均度數
本　期	62	327	684	5.27
去年同期	61	994		16.29
去年下期	59	480		8.14

經收人蓋章

註：1. 營業稅已併入各項應稅費用內。
2. 請持本單繳費，本聯經代收單位收款蓋章後交繳費人收執作為收據。
3. 本收據各項金額數字係由機器印出，如發現非機器列印或有塗改字跡或無經收人蓋章者，概屬無效。

客服專線：1911　本公司營利事業統一編號：51868406
服務單位：南屯服務所
服務地址：408台中市南屯區黎明路一段971號
用電地址：中市南屯區三厝街226號七樓之2

5.
流動電費計算式：$685.8=1.89x240(56/62)+2.73x87(56/62)+1.81x240(6/62)+2.33x87(6/62)

表號：000064952　電表倍數：0001　本次/下次抄表日：104.10.07/104.12.07　表別說明詳電子郵件

表別	01
上期指數	78781
本期指數	79108

支持綠能　讓愛發光

本公司代辦綠色電力認購申請，貴用戶可以撥打本公司「1911」客服專線，或以網路〔http://www.taipower.com.tw〕、臨櫃及郵遞方式辦理，歡迎踴躍參與認購。

台灣電力公司 代收單位存查聯

電號 07-28-2311-
台中
收費月份 104年10月　收費戶區 BASJ
繳費期限 104年11月05日
代收截止日104年12月07日(假日不順延)
收據號碼 E-K0104110300892
應繳總金額 ***656元

代收單位繳款條碼區

041207111

07282311430041013

01103-000000656

銀行扣款不成功
不再送銀行扣款
請儘速持單繳費

000012010150008921

1,1

3.

用電種類：台電的供電模式與電價包括高壓、特高壓、低壓電力、表燈及包燈等多種，一般住宅用電或其他非生產性質用電場所的電燈、小型器具與動力合計容量未滿100瓩者，用電種類適用於表燈。此外，因表燈營業的電價較表燈非營業高，若用戶無營業行為，需留意此處是否登載有誤。

底度：就是基本用電量，若每個月用電度數為0至20度即以此計費，也就是說，即使是沒有使用到電的空屋仍需要付底度費。若超過底度，則以實際用電度數計費。因為一般用電戶每兩個月繳一次電費，因此底度為20度X2個月＝40度。

經常度數：代表用戶當期的用電度數（即本期抄表指數減去上期抄表指數乘以電表倍數），2個月收費1次者，將此度數除以2即為每月用電度數，可依此對照電價表自家被收費的電價區間。

公共分攤戶數與分攤公共電費：若是居住在公寓或大樓式住宅，則必須負擔公共電費，什麼是公共電費呢？舉凡公共樓梯間的照明、電梯、抽水馬達、消防設備、庭院道路照明及地下室照明等公共設施用電皆包含在內。公共設施的用電電費由所有住戶平均分攤，若戶數較少或是停車場多為用電量大的機械停車設備，費用就會較高。對於公共用電量龐大的中大型社區而言，精算出合理的「契約容量」十分重要，可請管理委員會檢視每月「最高需量」，評估契約容量是否需要修改，千萬不要因為怕偶爾一、兩個月的超約而刻意提高契約容量，反而冤枉多繳電費。

流動電費與流動電費計算式：流動電費就是您自家的電費，前面提過一般家庭的電費計價為「表燈非營業」，其中大多數的用戶是屬於「非時間電價」，也就是電費的單位價格（元／度）與時間無關，僅與用電量多寡有關，為了引導用戶節約用電、珍惜能源，計算方式採「累進費率」，不像我們東西買多了可以打折，當我們使用越多電力，單位電價反而會愈高，依用電度數級距可區分為120度以內、121度至330度、331度至500度、501度至700度、701度至1000度及1001度以上等6段。因一般住宅兩個月抄表、收費一次，故上述計費度數需加倍來計算。此外，夏季天氣炎熱，商家與住家等的用電量激增，為滿足用電需求，台電有可能必須啟動汽力燃氣、汽力燃油或輕柴油等發電成本較高的機組，因此，為合理反映供電成本，電費計價將隨著季節而變動，區分為夏月（台電定義的夏月為6月1日至9月30日）與非夏月兩種。

流動電費計算式： $685.8=1.89x240(56/62)+2.73x87(56/62)+1.81x240(6/62)+2.33x87(6/62)

非時間電價：非營業用單位：元／度

每月用電度數分段	夏月 （6月1日至9月30日）	非夏月 （夏月以外時間）
120度以下部分	1.81	1.81
121～330度部分	2.64	2.33
331～500度部分	3.90	3.20
501～700度部分	5.09	4.18
701～1000度部分	5.94	4.85
1001度以上部分	6.71	5.28

備註：目前台電採用浮動電價公式，以後遇到燃料成本上漲，台電調漲電價漲幅半年不可以超過3%，一年不可以超過6%。

節電獎勵：與去年同期做比較，採用戶實際的節電量為計算基礎，讓獎勵機制與節電成效更密切結合：用戶省下來的每度電都給予0.6元獎勵金，省電量越多，獎勵金就越多。

免印寄單據減收：在節能減碳意識高漲的今天，為了減緩資源消耗，台電特別推出申辦電子帳單的獎勵措施，鼓勵民眾一起加入減紙愛地球的行列。到105年12月31日止，用戶若註冊使用電子帳單並選擇不印寄紙張單據，都將獲得電費減收的優惠；其中，非代繳用戶每期減收3元、代繳用戶每期減收5元。

1 社區大樓電表室，台電計算電費用的電表全部在此。
2 我們家的傳統電表，因為是機械式電表沒有內建時鐘，使用的是非時間電價，如果你家是這種電表，千萬不要為了省電而在三更半夜用洗衣機洗衣服，因為電費並不會節省。

4.

這個部分主要在為你列出了去年同期的用電度數與下期的用電訊息，如此一來即可輕易算出本期日平均較去年同期平均相差多少，釐清可能的增減原因，進而控管家中用電。另外，每期的用電日數略有不同主要是要看台電人員的手抄錶日期排定，每期抄表時間略有不同。

參考資料：能源報導2014年5月刊

省電很重要，安全不能少

我被很多朋友暱封為省電達人，談到電器使用就忍不住談如何省電節能，但是關於電器，安全的議題一定不能忽略。

台灣的火災成因以電氣設備占第一名，其中又以用電量過高導致的電線走火最為常見，另外電線老舊、施工不良也會引發電線走火。台北市96年「火災總體分析」報告中，就火災種類以建築物最多（124件），而建築物起火原因則以電氣設備火災最多（71件），另電氣設備最常發生於屋齡20～30年之建築物（36件），所占比例高達50%。所以在選擇節能電器的同時，走在牆壁裡供應電力給電器的室內配線品質更是不得輕忽，因為它關係著我們的生命財產安全！

所謂室內配線品質，例如插座要有三孔，第三孔的配線要確實接地，這樣電器故障時，電流才能流入大地，避免觸電及損害電器。

絕緣電氣膠布還不夠

無論是新建物裝潢或老舊建築物整修，通常都會重作室內配線，也就是為了配合屋主喜好或木工裝修，把原有配線延長至新裝修的天花板、牆壁及櫥櫃內，再裝設新的燈具、電氣設備、插座及開關等。在這種工程中，我最怕看到水電師傅為了節省時間及工料，沒有使用配管保護新的配線，而是直接拉電纜，甚至新舊電纜銅線之間的連結未依電工法規的規定結線，隨便用絕緣膠布捆一捆，有時隨便的程度甚至讓銅線外露，因此產生短路走火的危險。

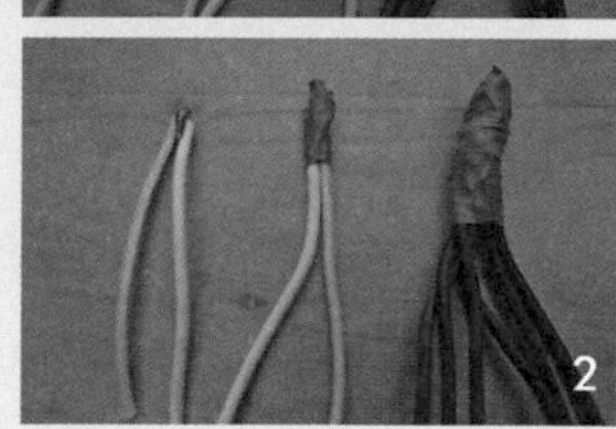

1 電線連接時應採用安全的接合方式，如：螺式接線頭、閉端端子、插線式連結器（由左至右）。
2 電線接點僅用電氣膠布纏繞幾圈甚至裸露，按照法規應纏緊且每圈的膠布都需重疊一半
3 所有配線應使用硬管或軟管保護。

檢查配電及設備安全

除了生活得更舒適便利，請大家要常常注意家中配電以及電氣設備的安全，做法建議如下：

1. 打開家中的插座、開關或燈具接線盒，檢查電纜線是否有保護的金屬管或PVC管、檢查接線盒上是否有絕緣用的套圈，以及電線連結的絕緣膠布是否牢固、有無脫落。室內配線的絕緣若已有老化或老鼠咬破等狀況，即可能導致短路引起火災，需要重新更換配線，並採用金屬管或PVC管保護。切記裝潢時室內配線必須

依照現行電工法規規定施工，施工的電工必須有合格執照。家中或社區大樓必須擺設滅火器以防火災發生時緊急應變之用。

2. 家中每個空間應有自己的迴路，照明及開關的迴路需分開。廚房的迴路應提高線徑及插座容量，以避免斷路器跳電，並裝設警報器及擺放滅火器。廚房、浴室及陽台等有水的場所因較潮濕，容易造成觸電傷害，這些場所的迴路應加裝漏電斷路器。
3. 開關及插座的高度、位置及數量應事先規畫，如果要增加插座或線路時，要特別注意負載及配線線徑，應請合格電匠施工，否則很容易使電線負載過大而引起火災。

滅火器要備妥。

4. 電源總開關箱內無熔絲開關跳開時，通常是用電過量的警告，切勿以較大容量無熔絲開關替代，否則當電器超載時，無熔絲開關無法跳脫導致線路電流過大，絕緣層發熱融化因而導致短路火災發生，所以最基本的就是要注意同一迴路的電器使用不可超過無熔絲開關的容量限制。

如果家裡沒有火災警報器，一定要自行採購安裝（透天厝沒有強制安裝）。

透視家電容量問題

省電節能唯一招：「降功率、省時間」，其中降功率指的是電器要選擇高能源效率的機種。

我家的電器有個特色，就是變頻的產品特別多，除了四台變頻空調外，還有變頻冰箱、變頻微波爐、變頻洗衣機，好像我跟海韻特別著迷於變頻式的電器設備。這是有原因的，以冷氣機來說，變頻式冷氣的特色是可以根據設定溫度及室內環境的熱負荷調整冷氣輸出量，同時降低耗電功率，提供舒適的熱環境。

請選擇能源效率高的產品，
可以參考產品上所張貼的能源效率分級標示，
級數越小越省電，能替您省下可觀的電費。

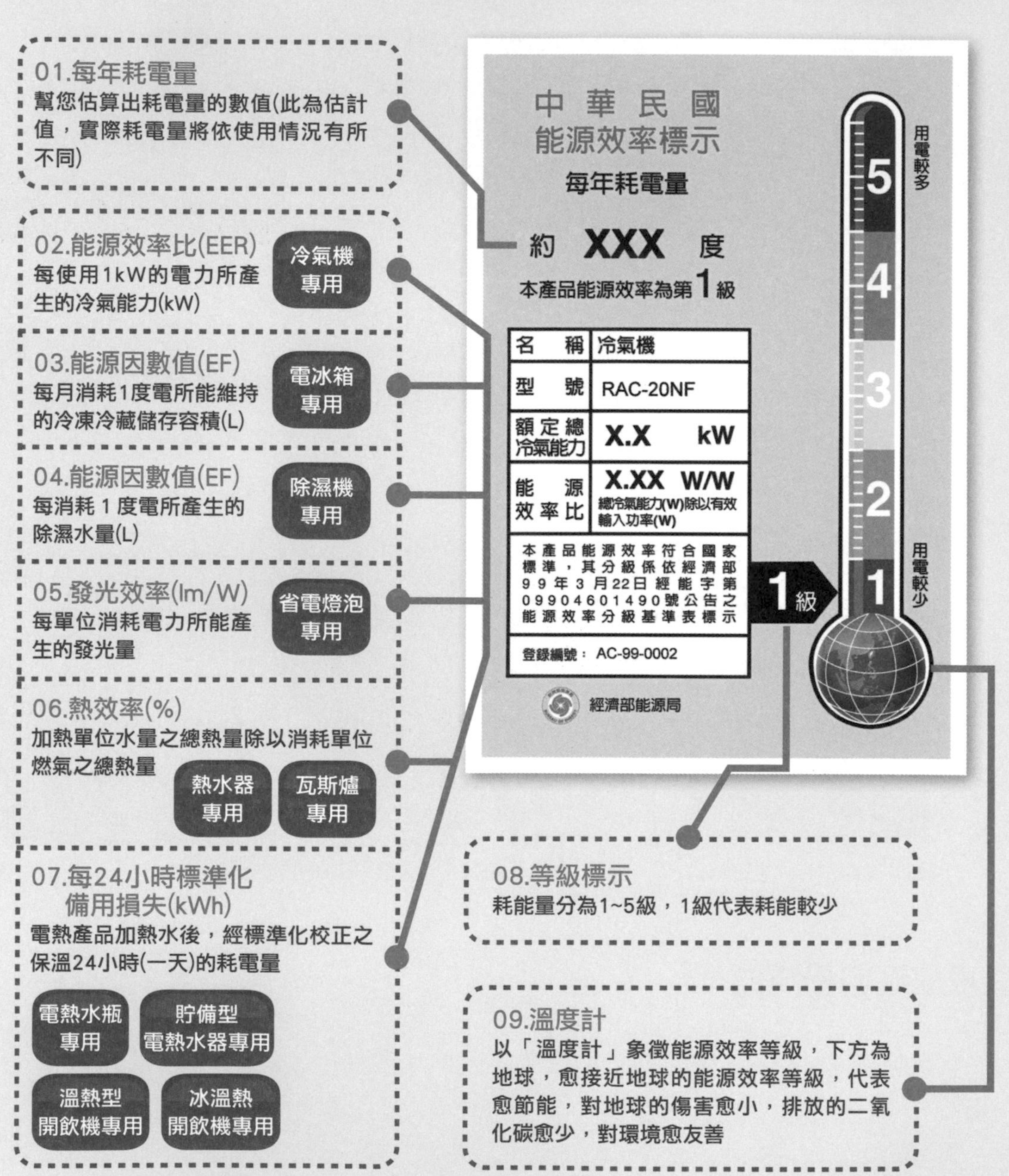

認識能源效率標示

同樣地，變頻式冰箱可以根據你需要儲存的食物量調整壓縮機供冷量，變頻式微波爐可以依照烹煮食物的重量及含水量調整時間及微波功率。另外變頻式洗衣機就更厲害了，因為每次洗衣服的量都是不一樣的，它的變頻馬達也可以依照洗衣量調整運轉速度，以降低耗電功率，減少用電量。

所以，簡單來說「變頻」就是「變功率」，設備使用量可以依據實際的需求變化，也就是電器耗電功率會隨之改變，「當用則用，當省則省」。下次換購新的家電產品，要非「變頻」不可！如果真的很難選擇或是很麻煩的話，就直接挑選政府認證能源效率標示為1級的電器產品，你會發現這類產品大部分都具有變頻功能。

改善手法1 裝設智慧電表，讓你光看就省電

2007年英國有一項實驗，在不花錢做任何節能改造的條件下，於2,217個家庭的客廳或廚房裝設即時顯示的智慧型電表，隨時提醒家庭成員家中現有的電能使用狀態，看看能不能影響人的心理層面，改變用電習慣，結果成效十分良好，平均每戶省下了25.2%用電量。

因為台電的電表裝在社區大樓的電表室（透天厝的話是裝在門口），平時看不到，轉盤式的指針也很難讀懂，所以我們向英國的這個計畫學習，在客廳的室內總開關箱內DIY裝設一款無線智慧型電表，它可以即時將家中用電資訊傳送到顯示裝置，不但可以監看家中目前的耗電功率，還能自動記錄，除了方便讀值，還有用電過量的警示裝置，安裝之後，只要家中一用電，它就會顯示即時的耗電功率值，真的對省電很有幫助，其實只要能夠即時看到用電量，人們就自然而然會省電了。

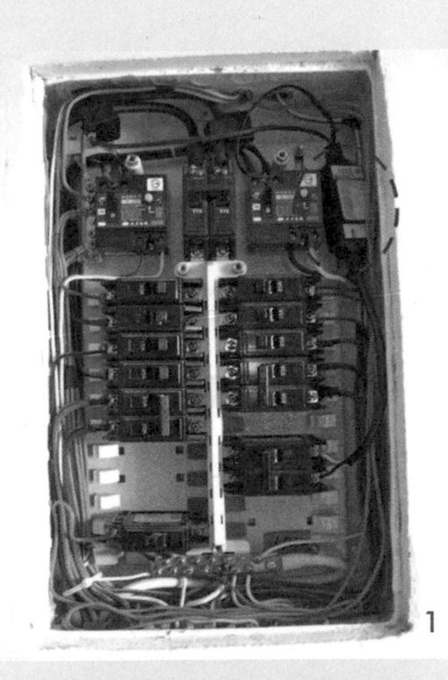
1

2

3

1 將無線智慧型電表裝於總電箱內。
2 將專用天線模組插入電腦USB插槽，就可以在螢幕上顯示電力資訊。
3 或者將含背板磁鐵的LED液晶看板直接吸附在開關箱外，直接看也很方便。

這款無線智慧型電表除了可以即時顯示家中總耗電功率，還可以計算並顯示用電度數、電費及二氧化碳排放量，可說是「節能減碳超級幫手」。安裝時不會破壞或更改開關箱內的線路，啟用後會把用電資訊以無線訊號傳送給開關箱外的顯示裝置，他有兩種顯示方式，一種是直接顯示在一個大約A5尺寸的LED液晶看板，另外一種是將軟體安裝在電腦，並於USB插槽插入專用天線模組，就可以在電腦螢幕上顯示電力資訊，還可以自動記錄並繪製各種圖表，可惜廠商已停產了。

智慧電表真的能省電嗎?

一般，台電的工作人員必須仰賴人工的方式挨家挨戶抄電表以獲取用戶的用電數據，再根據這些數據扣除前次抄表的紀錄來計算本期用電量及應當繳交的電費。一來必須耗費人力與時間進行抄表作業，二來偶爾的人為失誤也將影響到用戶與台電的權益。

智慧電表與傳統機械式電表最大的差異在於它能即時提供用戶用電資訊給台電，記錄電力的使用情況，省去人工抄表的工作。當智慧電表能協助即時訊息傳達，電力公司就可以透過精確的掌握，將電價的訂定做得更為細緻，將用電的尖峰與離峰時間區分得更精準，進一步制定所謂的「時間電價」，好達成以價格手段抑低尖峰負載等目的。

世界各國在2003年起陸續開始推動智慧電表，而台電從2013年至2016年6月底完成1萬個試驗用戶的裝設，目前處於更改產品規格期，對於智慧電表最終產品與通訊使用頻段都還沒有定案，離大量裝設還有漫漫遙遙之路。

如果你以為裝了智慧電表就可以省電，那可是大錯特錯，由以下2點可知，其實省電不需要等裝智慧電表，動手做就對了。

1. 裝置智慧電表如果沒有強制提供即時顯示耗電功率的資訊給用戶，則其不過就是一個取代抄表員工作的「通訊電子式電表」，它不會有明顯提醒節電的心理影響。
2. 智慧電表使用時間電價進行差異性電價收費後，大部分人的生活作息都是在尖峰時間，將會以較貴的尖峰電價計算電費，所以電費一定會上漲，在美國及加拿大使用智慧電表的社區用戶曾經因為電費大漲而與電力公司示威抗議，甚至進行訴訟。

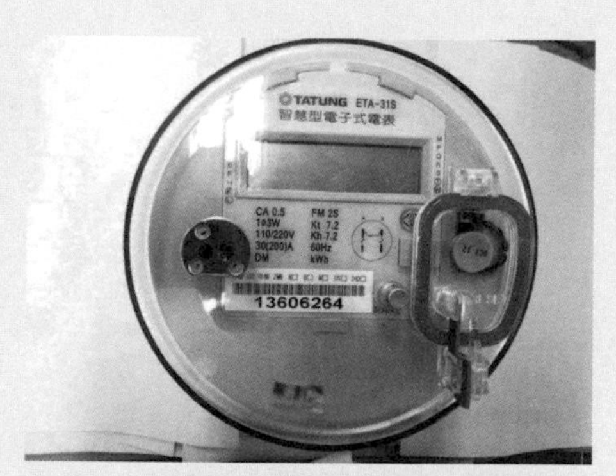

台電目前安裝了1萬個試驗用戶的智慧電表。參考資料：能源報導2014年5月刊

改善手法2 拔插頭實在不方便，聰明使用延長線

自從政府在2004年開始推廣節能減碳後，就一直宣導不用的家電要拔掉插頭，以節省待機電力的浪費。各式各樣待機電力所消耗的電力平均占家中用電的9%，十分驚人。但是，一般人真的會每天乖乖拔插頭嗎？這些年來我們每次演講都會問：每天會拔插頭的舉手?結果都是個位數的人或甚至沒有人舉手。因為那些插頭通常都藏在櫥櫃後面，不是很難搆到就是布滿灰塵；而且拔插頭其實挺危險的，施力不當會讓插頭容易損壞，常拔插頭又容易使金屬氧化，如果手濕濕的還有可能觸電。

所以，這個不人性、不安全的手法竟然被政府花大錢宣傳了10幾年。關於這點，我們的解決方案是，只要用了附個別開關的排插延長線，使用開關把待機電源關掉，這些問題也就迎刃而解了。甚至我們應該學學歐盟，直接規定待機電力的上限值（例如不超過1W），啟不是更人性、更方便！

請趕快檢視一下，你家有多少待機電源是被忽略掉的？

項目	電器名稱	平均每台每日		節能潛力（度／月）
		使用時間（小時）	待機時間（小時）	
1	DVD放影機	2	22	2.8
2	音響組	2	22	3.0
3	噴墨印表機	0.5	23.5	3.2
4	桌上型電腦主機	3.7	20.3	2.1
5	電視機	4.7	19.3	2.2
6	多功能收錄音機	3	21	3.0
7	TFT-LCD螢幕	3.7	20.3	0.7
8	微波爐	0.3	23.7	2.7
9	電磁爐	1	23	4.4
10	烘碗機	1	23	0.8
11	洗衣機	0.8	23.2	2.9
小計				28.8

參考資料：能源局資料

如何選擇延長線？

廚房、電腦桌、視聽櫃這幾個會同時使用多項耗電電器的地方必須特別注意，因為這些待機電源的插頭常常插在同一條延長線上，建議大家使用延長線外接電器前，先統計此延長線上所有電器耗電的總瓦數，必須低於延長線負載的容量。以下提供幾個「好延長線」的必備條件：

1. 具有CNS商品安全標章（商品檢驗標識）；
2. 具備過載保護的功能，以免電線走火；
3. 有纜線包覆且電線較粗者；
4. 規格15安培／1650瓦以上；
5. 標明額定瓦數總容量，有些更列出各類電器大約耗電瓦數以供參考；
6. 具有個別開關及總開關。

若能善用附有個別開關及總開關的延長線，並在每個開關旁標示電器名稱，將不需使用的設備個別或全部關閉，就不用常常拔掉插頭，卻又能達到節能的目的。

此外，使用延長線、電線時不可綑綁、捲曲或打結，以免通電時導致溫度升高而熔解外被覆塑膠，造成通電中電線過熱起火。若延長線開始發熱，要減少外接電器數量，若延長線電線破皮或插座有熔化現象，要趕快換掉。

1 咖啡壺、電熱水瓶及廚具燈共用的過載保護插座。
2 行動電話充電器專用的插座，不充電時可以個別關閉。
3 電腦主機、螢幕及相關周邊所用的延長線開關，可以個別控制，完全不用電腦時則關掉總開關使其完全斷電，另外附有磁鐵可以吸附在辦公家具旁，本身還有過載保護功能。

商品安全標章

為維護商品品質，保障消費大眾安全，凡是由經濟部標準檢驗局公告為強制檢驗的商品（簡稱應施檢驗商品），無論國內製造或是自國外進口，均需經過經濟部標準檢驗局檢驗合格，貼上「商品安全標章」，才能在市面上販售。商品安全標章有2種：經濟部標準檢驗局印製或業者自行印製。

改善手法3 你用對空調機了嗎？減少不必要的浪費

台灣的房子普遍都會安裝空調，在裝設空調設備時，通常裝潢師傅或空調業者都會建議裝大一點容量的機型，以避免到時候你會跟他們抱怨冷氣不冷，增加他們售後服務的麻煩。其實過大的安裝容量不見得真的會讓室內溫度變得舒適，但卻鐵定會提高空調的購置費用，也會增加日後電力的消耗與電費支出。

1. 選變頻就對了

一般傳統式冷氣機以壓縮機控制，僅有滿功率運轉及停止兩種模式，這樣的缺點是無法精準地控制溫度，不但會因室內溫度的變化而有多次停止再啟動的動作，而且不管調整溫度的多寡，啟動時都一樣以滿功率大力送冷，容易讓人感覺忽冷忽熱。

變頻式冷氣是利用電力電子的技術，提供壓縮機不同的電源頻率，而改變壓縮機的運轉速度、調整冷氣輸出量，依據室內實際溫度，調整運行功率及轉速，到達設定溫度時保持低速運轉，無形中可以省下約25%的電力。

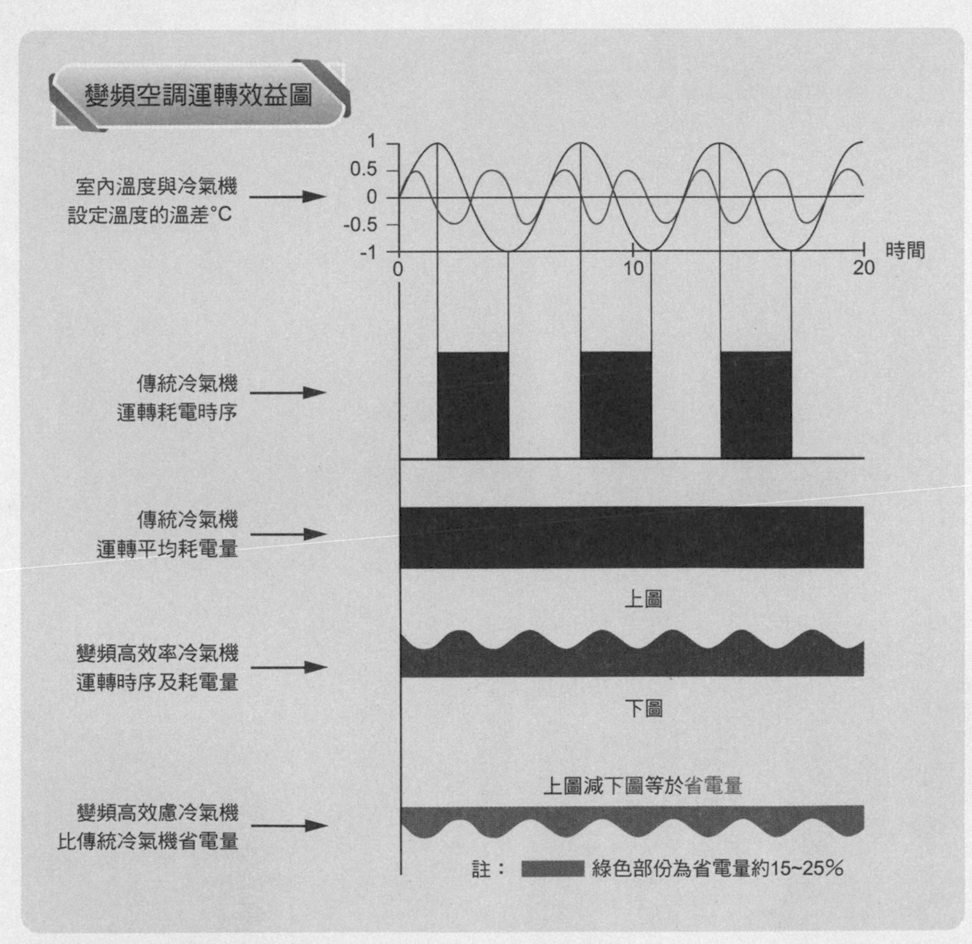

參考資料：木柵動物園節能屋

至於直流變頻空調還可以再省下10%～30%的電力耗損，因為它減少了電流在空調機內交流電與直流電的轉換次數。若再加上微電腦控制系統對周圍溫度、溼度、空氣對流和輻射熱等加以偵測，無段調整冷量，將可提供人們更為舒適、健康之生活環境。

設定溫度不同，冷氣耗電比一比

變頻即是變功率，當設定不同的溫度時，變頻冷氣的耗電功率是不一樣的，也就是當空調的需求減少時耗電量也跟著降低、減少用電，由下列幾張照片可以看出我家主臥室冷氣運轉變功率的狀況。

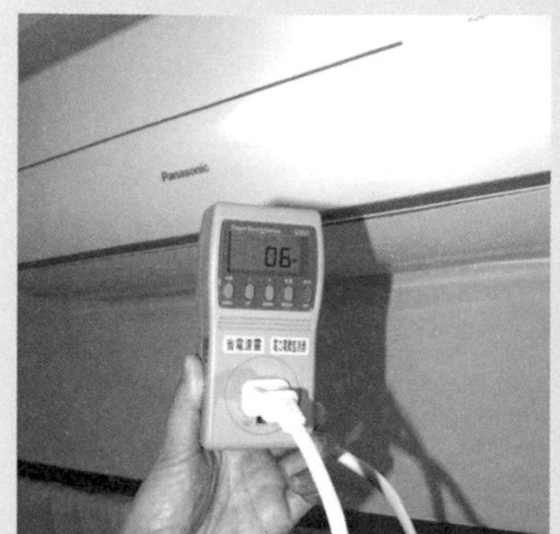

待機6W。

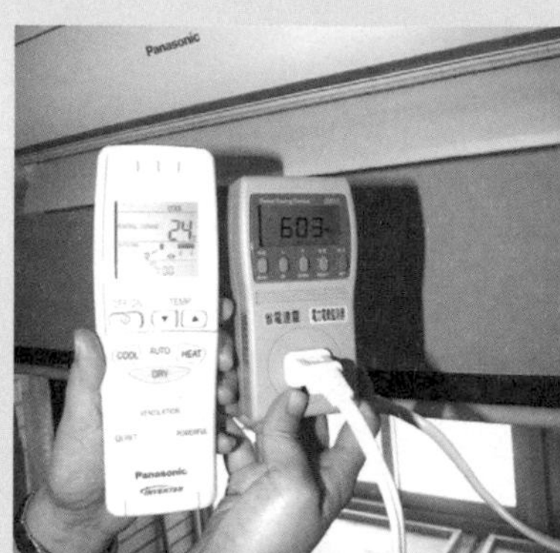

24℃ 603W。

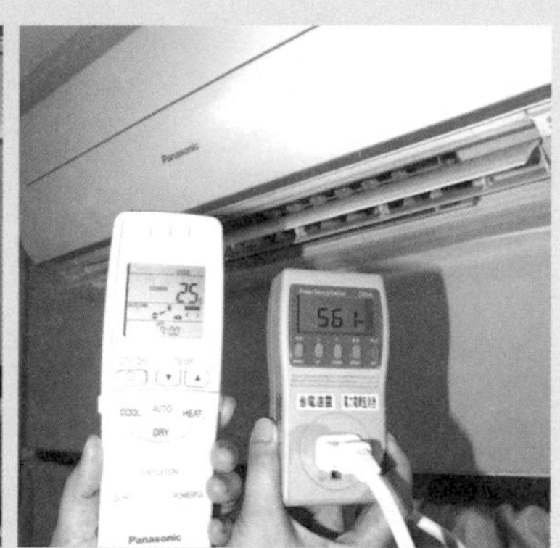

25℃ 561W。

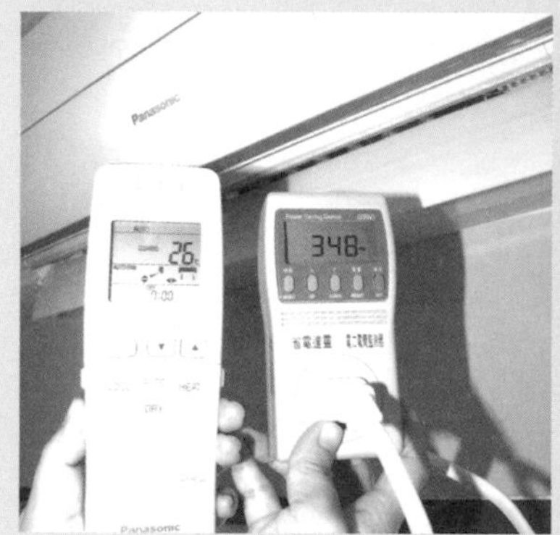

26℃ 348W。

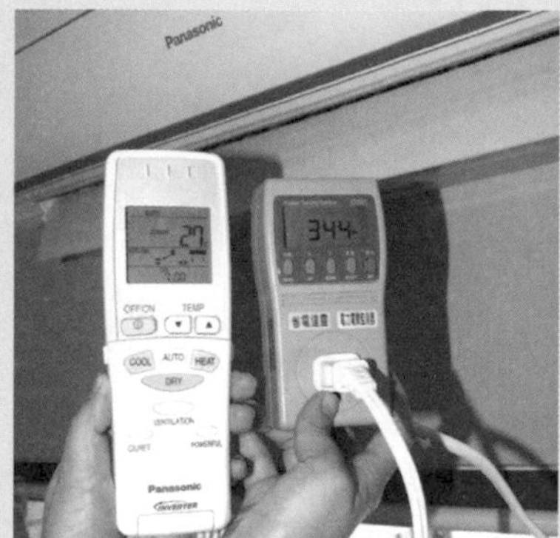

27℃ 344W。

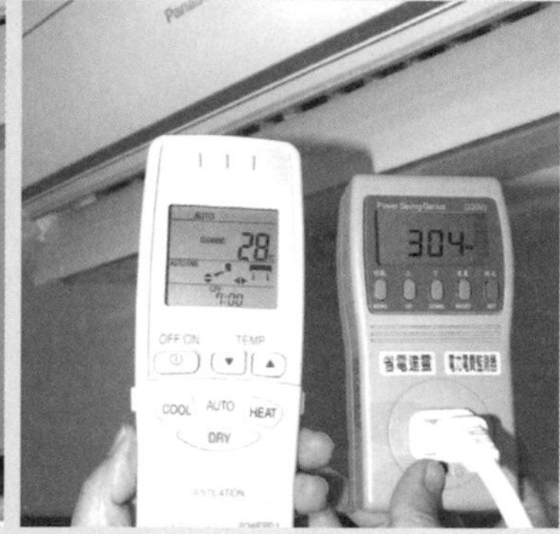

28℃ 304W。

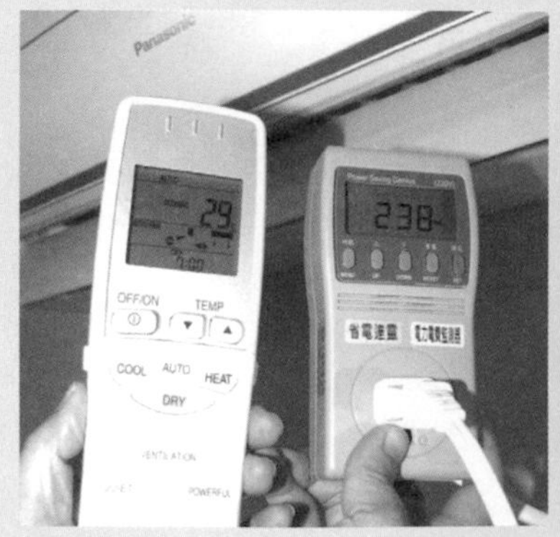

29℃ 238W。

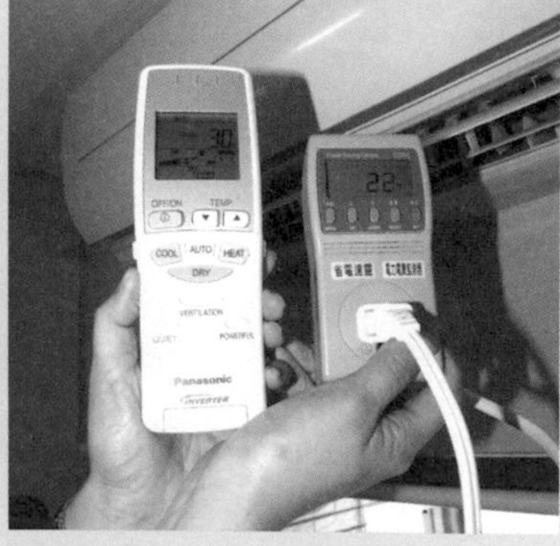

30℃ 22W。
溫度設到最高溫就只剩微小的送風耗電功率。

2. 學會計算冷氣容量，別被廠商牽著鼻子走

冷氣空調基本熱負荷容量計算法

明明冷氣的熱力學原理是要移除室內的熱量，讓人體的散熱與室內空氣環境熱平衡，達到舒適涼爽的目的，但是市面上選擇冷氣的方式都是依據室內地坪大小，而不是用移除室內的熱量來計算容量，這種與物理矛盾的現象讓我很困惑。我認為應該要回歸物理原理去計算空調的容量：先計算室內空間的發熱量，比如家裡可能最多的人員發熱量、最大開啟燈具發熱量、同時使用電器的總發熱量、最大換氣時會帶進來的熱量以及最熱時太陽輻射給的熱量等，將以上的發熱量加總，再尋找一台可以移除這些熱量的冷房空調容量，便是最恰當的設計。

空調基礎熱力學

用最簡單的方式理解空調設備的基礎熱力學，相信我，真的很簡單，學會後就不怕不良師傅跟你吹牛了！在本書第一章中提到舒適的熱環境要素，就是房子的熱獲得或熱損失，如果與人的散熱達成熱平衡就是舒適的熱環境。但是，如果沒辦法達成熱平衡時，就要靠機械空調設備暖房加熱或是冷房散熱來控制熱環境，使之達成熱平衡，這就謂之「主動式環境控制 Active control」。也就是說房子裡多餘的熱量必須靠著冷氣機將熱量移出室外，這就是熱力學第二定律。

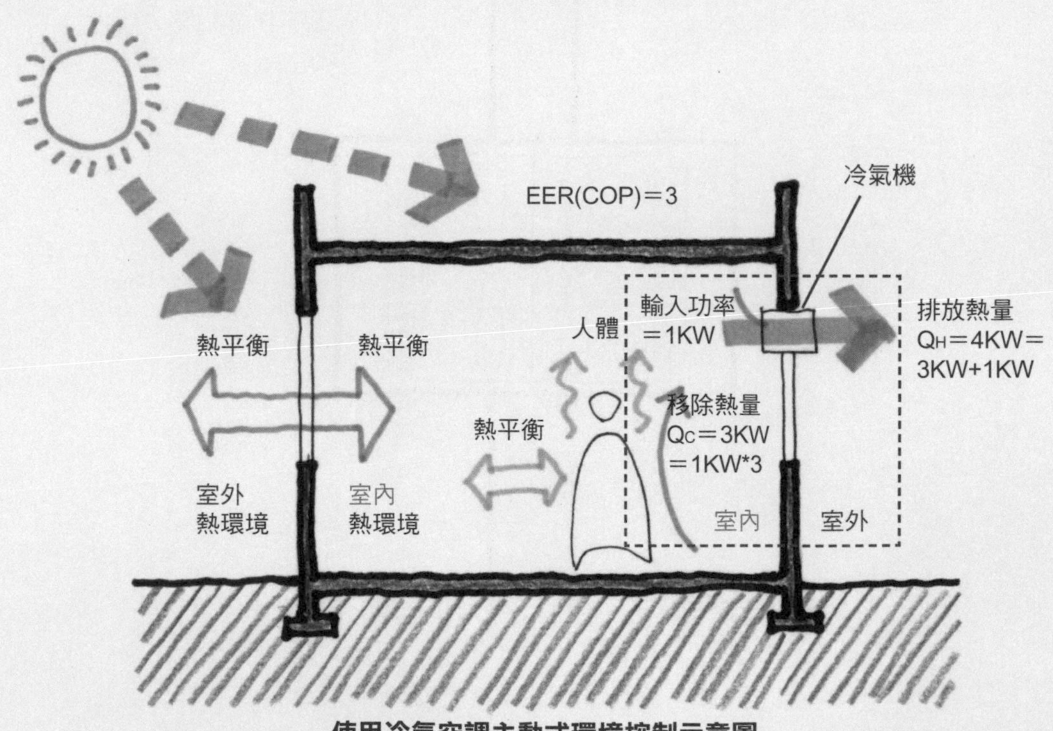

使用冷氣空調主動式環境控制示意圖

人體散熱會藉由蒸發、輻射及對流作用與室內熱環境達成熱平衡，室內熱環境也會與室外熱環境達成熱平衡，在夏天時通常太陽輻射的熱再加上人體散熱及室內燈具電器的排熱，室內就會累積太多熱量，這時候就需要冷氣機將室內熱量移至室外。

冷氣機運作原理

通常我們如果使用一台能源效率比EER（COP）值為3的冷氣機，耗電功率為1千瓦的話，它移走熱量的能力就是3千瓦，意思就是說這台冷氣每秒鐘移除室內熱量3千焦耳（3KJ），這台冷氣耗電運轉時會發熱，機械散熱加上室內移走的熱量，在室外側就是4千瓦，所以在夏天開冷氣時，窗型冷氣機室外側或是分離式冷氣的室外機會排放出很多熱空氣。

當室內的熱量移走之後，室內空氣的溫度就會下降，當降到人體舒適範圍的溫度時，我們便會覺得舒服，不過移走的熱量加上冷氣機的耗電發熱量就會排至室外，當夏天來臨，所有的冷氣開啟時，你會發現在室內大家都非常涼快，但是一到室外到處都是熱烘烘的空氣，因為所有冷氣空調的廢熱都被排至室外了。

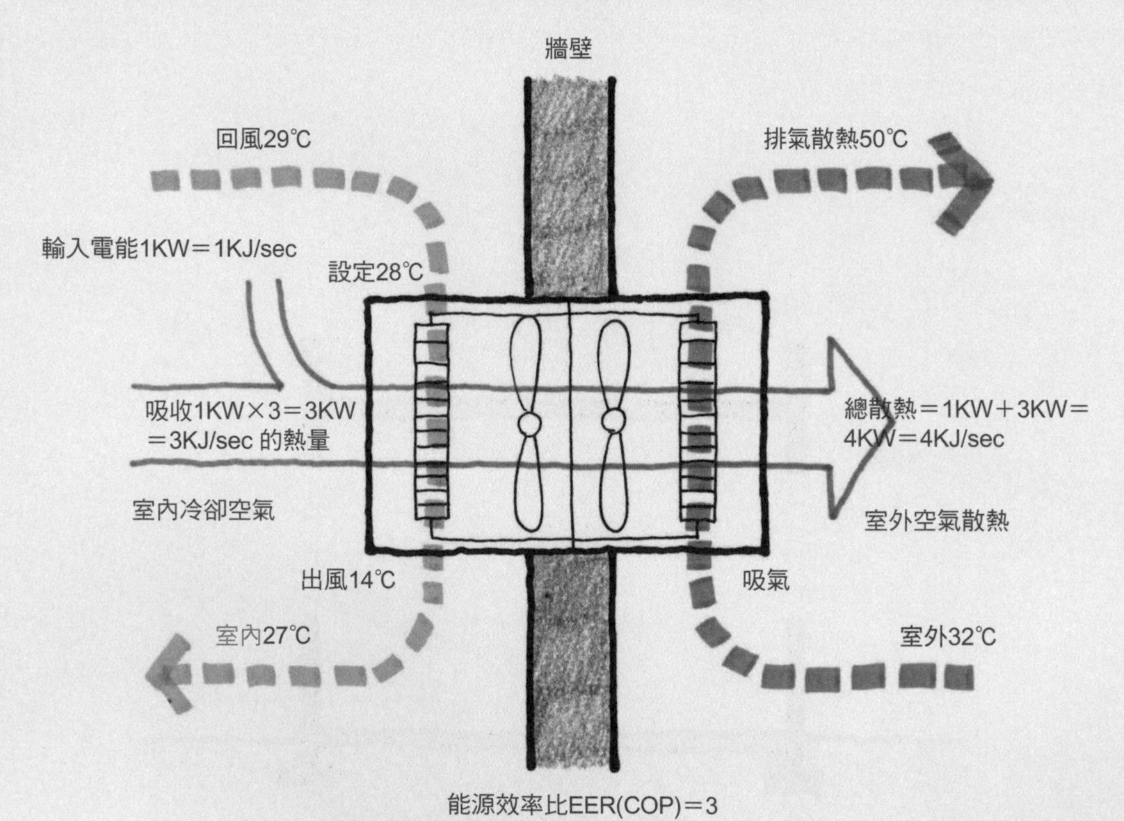

窗型冷氣空調移除熱量時空氣流動及溫度分布

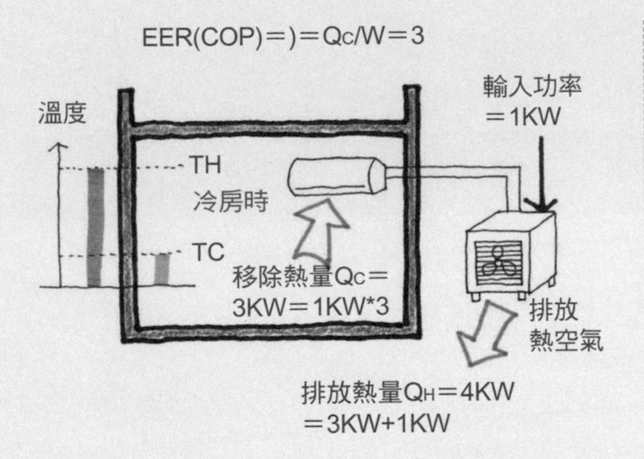

分離式冷暖變頻空調在夏天運轉時，使用冷房模式，就是耗用電能把室內的熱量搬運出去，這時候室內溫度較室外為低，熱力學稱之為「冷機」，「移除熱量」就是我們買空調時規格上所標示的「冷氣能力」。

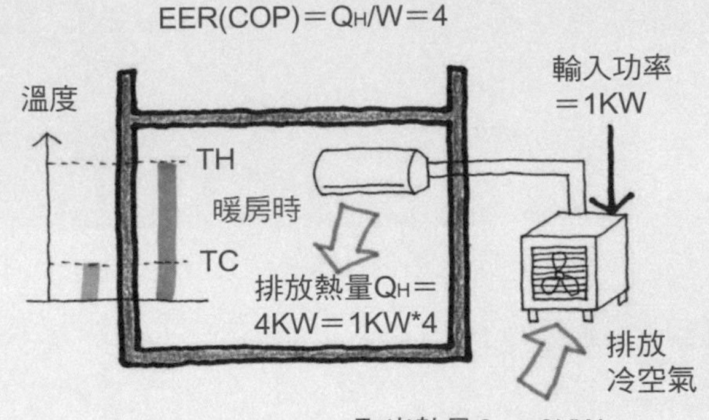

分離式冷暖變頻空調在冬天運轉時，使用暖房模式，就是耗用電能把室外的熱量搬運進來，這時候室外溫度較室內為低，熱力學稱之為「熱泵」，「排放熱量」就是我們買空調時規格上所標示的「暖房能力」。

冷氣機的容量相當於自室內移走熱量的能力，一般我們在買冷氣機時，師傅都會問你要幾噸的機型。「噸」是冷凍噸（RT）的簡稱，表示運轉1小時可自室內移出熱量3,024 kcal（相當12,000BTU）的熱量，因為冷氣機是美國人發明的，他們喜歡用英制，如果是早期的日製冷氣，則使用kcal／hr的標示。不過，現在大家喜歡用國際SI公制，以W（Watt，瓦特）來標示，簡單易懂也跟冷暖房負荷的計算連結。

冷氣容量換算：

1冷凍噸（RT）＝12,000BTU／hr x 0.252 kcal／BTU ＝ 3,024 kcal／hr＝3516W

我認為目前全台灣的空調容量評估是一個過度放大容量的經濟陷阱，廠商或師傅一直鼓勵你購買超出容量需求2、3倍以上的機型，不僅初期設備費用大幅增加，後來的電費也很可觀。在現在「綠」的趨勢需求下，應該是用「適切」的容量計算來符合民眾的需求，而不是一直盲目地加大容量，不但讓廠商賺更多的錢，還會大量提升台電尖峰用電負載、排出更多的二氧化碳，也會讓台電認為核能電廠有繼續存在的必要。

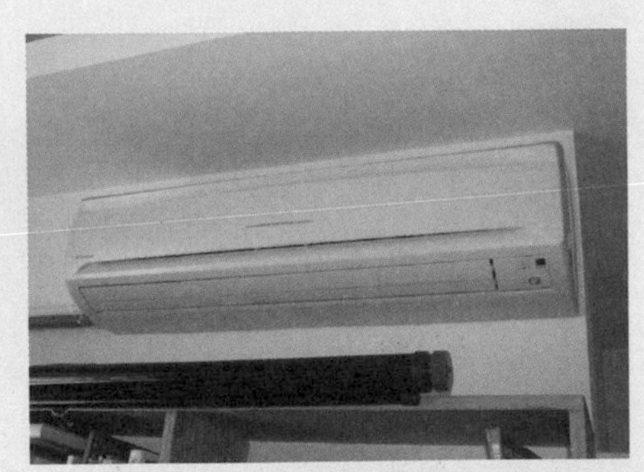

客廳室內機容量以計算熱負荷為考量，不使用市面一般地坪預估法。

所以，謹慎做好建築外殼隔熱，選擇高效率的變頻空調設備，對你家的熱環境舒適度有幫助，也能減少空調裝置費用，還可以節能減碳，對整個地球環境提升做出貢獻。以下是我們家客廳空調室內機容量選擇的計算範例，希望大家能瞭解吹冷氣應該是要算人頭及室內發熱量，而不是算地坪。

符合需求冷氣容量計算法（以我家客廳為例）

合理隔熱後

室內熱負荷類型	室內需移除熱量（熱負荷）（W）	備註
平時3人＋客人最多10人	1,000	以人體代謝率計算平均每人100W*10＝1,000W（安靜）
燈具全開	160	耗電功率即是發熱量
投影機＋音響＋電視盒	200	耗電功率即是發熱量
冰箱	360	壓縮機啟動時120W*3（EER值）＝360W即是發熱量
計量換氣	1,920	換氣1m／h增加熱負荷＝8W，浴廁24HR排氣量240m／h，240*8＝1,920W
有隔熱層西曬牆7㎡ 太陽輻射熱傳透量	174	熱傳透率U值0.78（W／㎡℃）*雙層牆最大溫差（60-28）（℃）*面積7（㎡）＝174W
有外遮陽西曬窗 太陽輻射入熱量	315	最大太陽輻射強度1000W／㎡*面積3.15（㎡）*0.1（太陽輻射熱入熱比例）＝315W
西曬窗溫差 熱傳透量	139	熱傳透率U值6.31（W／㎡℃）*最大溫差（35-28）（℃）*面積3.15（㎡）＝139W
有隔熱層屋頂25㎡ 太陽輻射熱傳透量	584	熱傳透率U值0.73（W／㎡℃）*隔熱屋頂最大溫差（60-28）（℃）*面積25（㎡）＝584W
最高需要移除的 熱量合計	4,852	選擇額定冷房能力相當的空調，因最大冷房能力約高30%的容量，可當作是機械老化及安全係數預估量。
結論：選擇室內機移熱能力5,000W左右的冷氣即可（大金為50型）。		

客廳室內機容量以計算熱負荷為考量，不使用市面一般地坪預估法。

無隔熱

室內熱負荷類型	室內需移除熱量（熱負荷）（W）	備註
平時3人＋客人最多10人	1,000	以人體代謝率計算平均每人100W*10＝1,000W（安靜）
燈具全開	160	耗電功率即是發熱量
投影機＋音響＋電視盒	200	耗電功率即是發熱量
冰箱	360	壓縮機啟動時120W*3（EER值）＝360W即是發熱量
計量換氣	1,920	換氣1m／h增加熱負荷＝8W，浴廁24HR排氣量240m／h，240*8＝1,920W
無隔熱層西曬牆7㎡ 太陽輻射熱傳透量	784	熱傳透率U值3.5（W／㎡℃）*雙層牆最大溫差（60-28）（℃）*面積7（㎡）＝174W
無外遮陽西曬窗 太陽輻射入熱量	2,772	最大太陽輻射強度1000W／㎡*面積3.15（㎡）*0.88（太陽輻射熱入熱比例）＝315W
西曬窗溫差 熱傳透量	139	熱傳透率U值6.31（W／㎡℃）*最大溫差（35-28）（℃）*面積3.15（㎡）＝139W
無隔熱層屋頂25㎡ 太陽輻射熱傳透量	2,288	熱傳透率U值2.86（W／㎡℃）*隔熱屋頂最大溫差（60-28）（℃）*面積25（㎡）＝584W
最高需要移除的 熱量合計	9,623	選擇額定冷房能力相當的空調，因最大冷房能力約高30%的容量，可當作是機械老化及安全係數預估量。
結論：選擇室內機移熱能力10,000W左右的冷氣即可（大金為100型）。		

如果以大金空調DAIKIN的網頁（http://www.hotaidev.com.tw/）首頁的冷氣容量試算程式進行計算

冷氣試算
請輸入下列參數，我們將試算最適合您的變頻冷氣需求：（小數點請四捨五入） 房間坪數大小*坪 房間大小為：長5公尺x寬5公尺 是否為挑高樓層（3米以上）： ● 是　否 是否為西曬方位：● 是　否 是否為頂樓：● 是　否 註1：推薦結果僅供參考，詳細資訊請洽全省經銷商。 註2：高熱源環境（如人數多或室內陳列因素等），建議提高冷房額定能力之需求。 註3：營業場所建議由專業人員經現場實際勘測後再推薦您所需之冷房額定能力機種。
以下為計算出建議的冷氣機種 ☆ 您需求的冷房能力為：6.53 Kw＝5,615 Kcal／h ☆ 建議您的大金空調： •（冷專）一對一變頻分離式冷專旗艦型（室內機：FTKS70JVLT，室外機：RKS70JVLT） • 一對一變頻分離式冷暖頂極旗艦型（室內機：FTKS70MVLT，室外機：RKS70MVLT） •（冷暖）一對一變頻分離式冷暖頂極旗艦型（室內機：FTXS70MVLT，室外機：RXS70MVLT） •（冷暖）一對一變頻分離式冷暖旗艦型（室內機：FTXS70JVLT，室外機：RXS70JVLT）

根據大金冷氣容量試算程式算出來的結果，剛好介於有隔熱的冷房負荷及無隔熱的冷房負荷計算空調容量的中間值，後來我們還是堅持依照我們算出來的容量去購買機型，販售安裝的廠商一直說容量不足，要加大一倍才夠。到目前為止用了10年，從未發生過不夠涼爽的情況。我們不僅省了容量，也節省了大幅度的電費，由於平時人員活動及家中發熱電器的使用未達滿載，所以空調用電大約比前屋主節省了80%以上。

後來有機會跟鄰居打聽到為何前屋主要賣房子?原因是她們居住人數及用電習慣與我們很相似，但是冷氣怎麼吹都覺得不涼快（按照廠商用地坪算的冷氣容量不足），後來因為熱翻了逼不得已，虧錢賣房子給我們。所以將房子隔熱做好降低冷房負荷，實際上比追求空調機械節能效率要來的有效多了，冷氣是要來給人吹，而不是用來吹涼牆壁及屋頂。

3. 選擇高能源效率比EER（COP）值

能源效率比EER（COP）值是什麼？就是（Energy Efficiency Ratio），依我國CNS3615與CNS14464規定是總冷氣能力（W）除以有效輸入功率（W），目前國家標準單位為W／W，其分子與分母單位相同，故抵消後之EER值成為無單位的因數。EER值愈高表示該冷氣機效率愈高愈省電。

在熱力學中較仔細的定義：冷機或熱泵的性能以性能係數表示，定義為：

冷機$COP_R = Q_C / W = 1 / (Q_H / Q_C - 1)$

熱泵$COP_{HP} = Q_H / W = 1 / (1 - Q_C / Q_H)$

Q_C：移除熱量

Q_H：排放熱量

W：冷氣機輸入功率（運轉功率）

能源效率比（EER）之定義，依我國CNS3615與CNS14464規定與COP相同。

熱泵（Heat Pump）就是冷氣機反相運轉（暖氣），冷暖氣機中的暖氣模式就是熱泵，它的目的為將受熱的空間維持於高溫，例如變頻冷暖空調，對室內加熱（送暖氣）時，室外機會變得比環境更冷，暖氣的功率會比加入的電力功率更大。當Q_C不為零且無熱損失，熱泵的性能係數$COP_{HP} = Q_H / W$恆大於1，故使用熱泵加熱1 kWh，只需要不到1 kWh的電能，絕對比電阻式電熱器更省電。

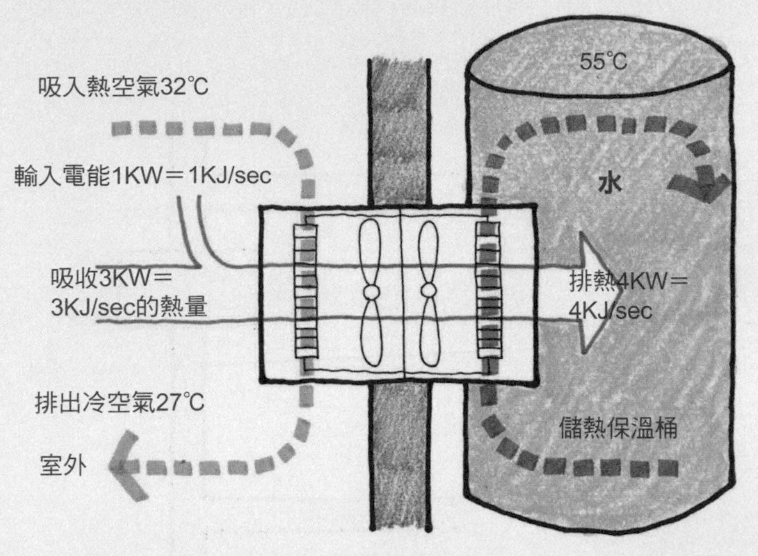

熱泵效率或性能係數COP(EER)＝4

目前在綠適居台北教室展示的熱泵熱水器，一體成型，儲熱水桶就在機體內。

目前台灣越來越流行的熱泵熱水器，就是把熱量加熱儲熱保溫桶中的水，製作成熱水供人洗澡，也有廠商說它可以放在室內或是工作陽台，可以製造熱水、製造冷氣、降低濕度，三機一體超強功能。不過它的製造冷氣及降低濕度的功能只能在製造熱水時才有動作，而且如果放在室內，室內環境會變得很冷，不太舒適，我們的建議還是放在工作陽台較好，除非要做切換閥：冬天排到室外、夏天排到室內。

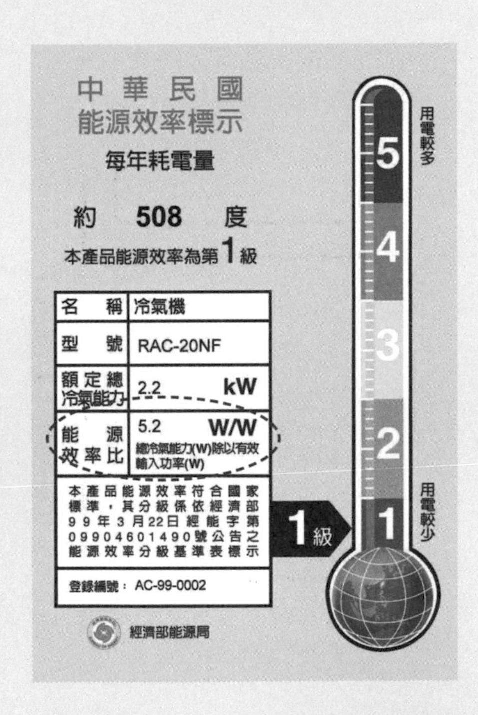

能源效率比值是表示冷氣機效率的重要指標，比值愈高表示該冷氣機效率愈高，也愈省電，如果你想購買冷氣機，記得能源效率比值是非常重要的評估標準。目前台灣的家用空調設備都會有能源效率標示，你可能以前看不太懂內容說明，讀完此章，相信應大大的瞭解了。

下面兩張圖說明冷氣機在相同1KW耗電功率下，能源效率比EER（COP）值愈高，能移走室內的熱量愈高。

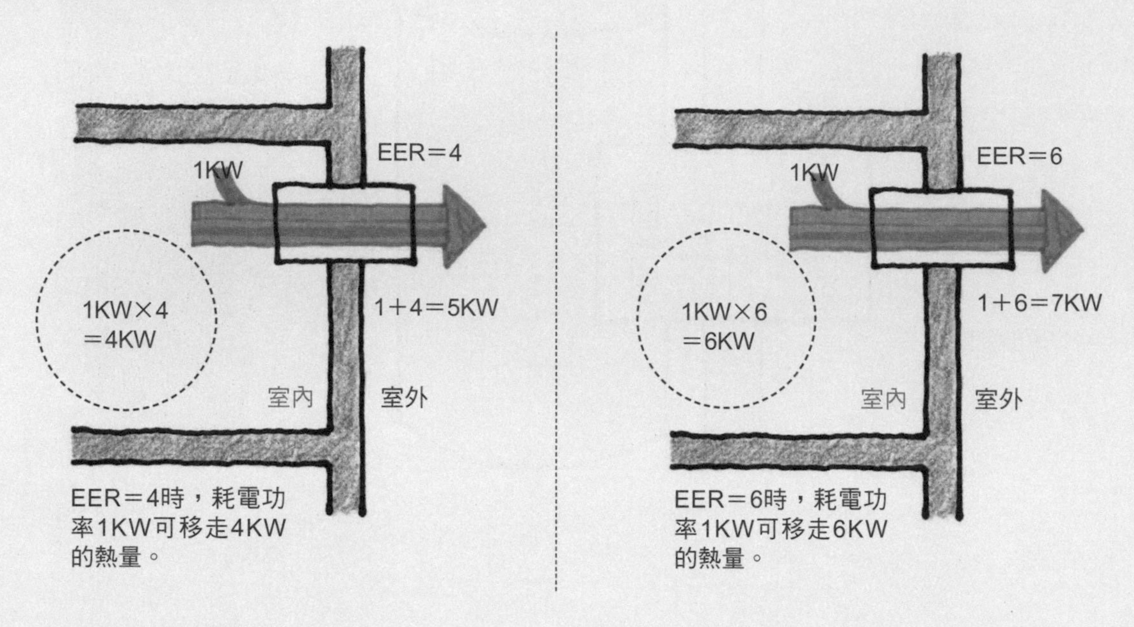

下面兩張圖說明，在移走室內相同3KW熱量下，冷氣機的能源效率比EER（COP）值愈高，耗電功率愈低。

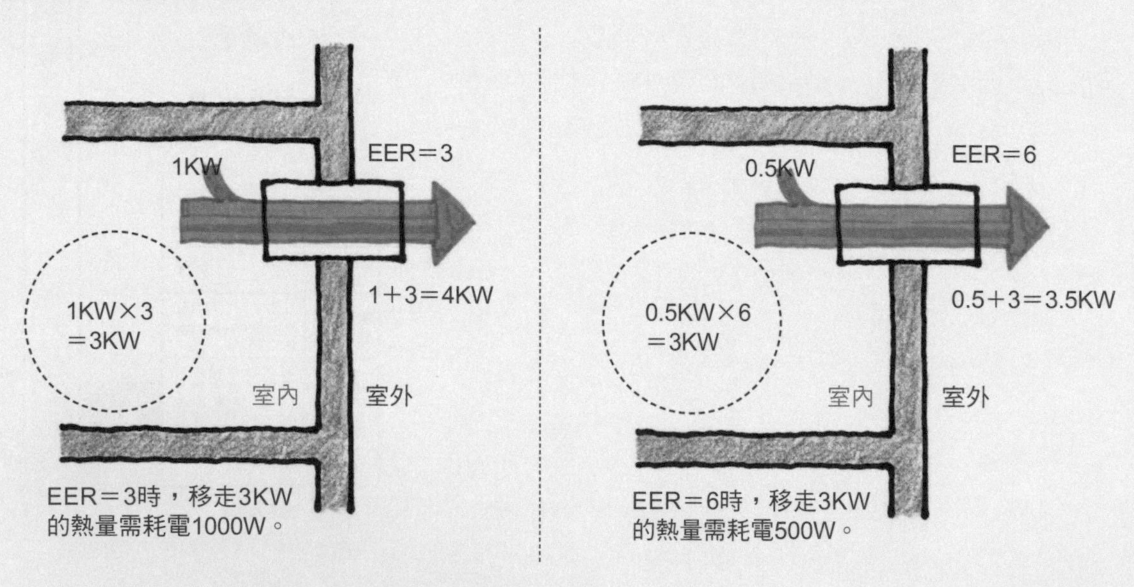

由以上的探討可知道為什麼我們要選用能源效率比EER（COP）值高的空調設備了，因為值愈高，可以用愈少的電力產生更多的冷氣，熱力學上的說法是用愈少的電力移走愈多的熱量。

4. 空調機裝設正確位置，舒適又不浪費

若選購了容量適當且具有變頻功能的空調，但卻裝錯了位置，也會造成空調效益上的浪費。就像台灣的裝潢很喜歡將設備「藏」起來或遮起來，以滿足視覺上的整齊感。於是就會發生把分離式空調的室內機藏進天花板裡的情形，舒服了眼睛，但是身體的舒適感卻會降低。這是因為通常室內機的回風機制設在上側或前側，把上側和前側遮起來，等於把空氣對流的迴路給阻斷了，結果就會造成冷房不均，同一個房間裡可能有人覺得很冷、有人覺得很熱，非常傷腦筋。

感覺到冷氣房裡有冷熱不均的現象，通常是室內機的位置沒有裝好；請仔細檢視廠商附的說明書，確定有無預留足夠的回風空間。在預留足夠回風空間的前提下，住宅內的空調室內機盡量往高處裝設，避免出風直接吹到人體，造成不適。一般說來，室內機上方不得局部埋入天花板，並且最好與天花板保持10公分以上的距離（依照各廠牌的安裝規定而有不同）；並可搭配吊扇，加速冷房效果。室內機的回風是很重要的課題，不但不能把回風入口遮蔽，室內機上方也應該保留足夠的回風空間，讓熱空氣進入空調機成為冷氣再吹出來。

○

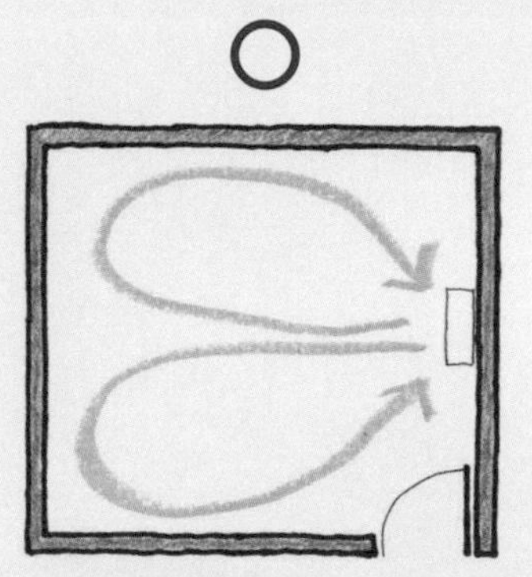

室內機裝設在空間中央，冷空氣分布均勻。

×

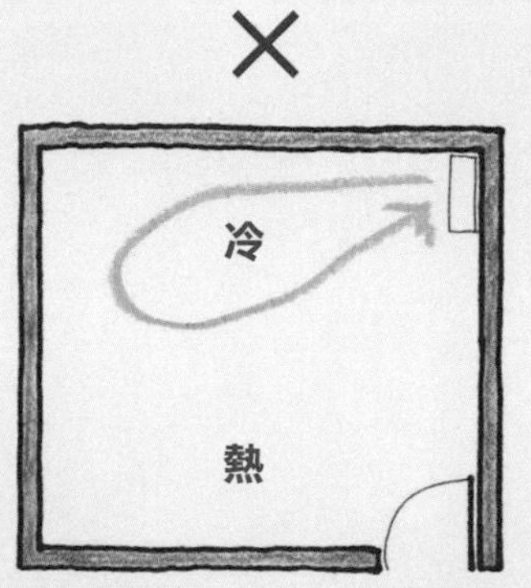

室內機若放角落，會造成溫度不均。

○

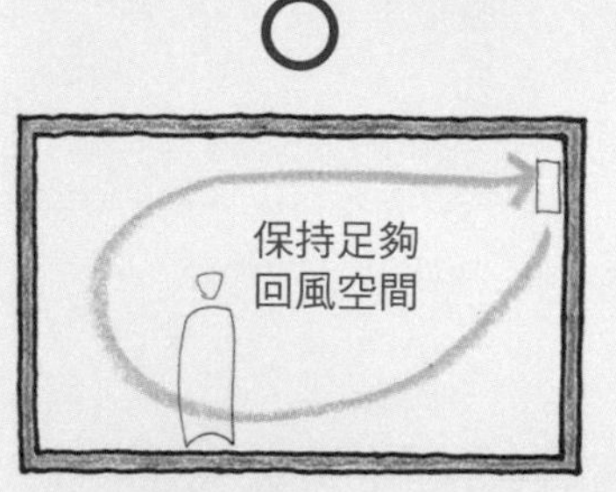

室內機回風順暢時，冷空氣與熱空氣混和均勻，室內溫度也比較均勻。

×

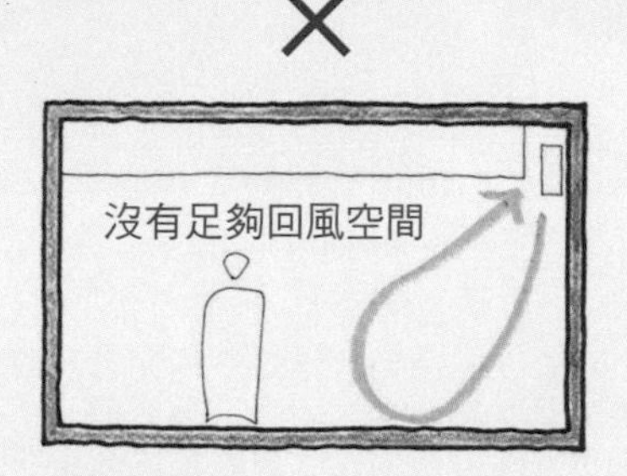

室內機回風不順暢時，會形成氣流短路現象，造成溫度不均。

空調室內機的正確位置

1 室內機藏在天花板裡，導致回風不良，冷房效果不彰。
2 下吹式的吊隱式空調出風口，低溫的風直吹人很不舒服，只好加塊板子將風引導至側邊。

吊隱式空調的出風口和回風口的位置也很重要，如果出風和回風在同一側又離得很近，容易造成氣流短路，空氣無法全室流通後再回收，導致室內降溫速度變慢，甚至怎麼吹都不覺得冷。正確的位置可以讓機器達到正常功能，電力不會耗損。

室外機裝設的位置也很重要，務必裝在通風良好的地方，因為吸氣排氣離得很近，通風不良容易吸到剛排的熱氣，就會有吹不冷的感覺。或者像我家利用室外機促進通風，只要將熱氣有效排出室外，吸氣側就能幫助空氣流通，一舉兩得。

1 出風口和回風口緊鄰，冷房效率不佳。
2 這樣的設計才正確，但是濾網還是要記得定時清洗。
3 吸氣側和排熱側都被塑膠布擋住，雖然機器運轉時排熱側的塑膠布會被掀起，但像這樣被腳踏車卡住也是會影響，吸氣側就更不用說，吸氣時塑膠布貼著，沒辦法吸到較冷的空氣。
4 我家泡澡陽台上方是主臥室空調的室外機，我用松木角材和耐候塑膠布圍出排熱通道，熱氣不會排到陽台裡，吸氣側吸氣時便能讓陽台保持乾燥。
5 差一點差很多：樓上的室外機安裝正確，樓下的則會導致機器效率不佳。

1 這是桃園一間中醫診所，由於沒地方放室外機，師傅將其放在診所後方的通道上，排熱側拉管至戶外，吸氣側正好幫助狹長沒對外窗的空間有效通風。
2 這戶人家將室外機放在後院，熱氣用風管導到上方。
3 這個案例很有趣，四層人家的手法都不一樣，最厲害的是五樓，沒裝冷氣，用排氣扇保持通風。最慘的是三樓，室外機裝在陽台裡還做窗戶圍起來，陽台一定會很熱而且冷氣吹不冷。

5. 定期清洗，涼爽又健康

空調的室內機要定期清洗濾網，才不會怎麼吹都不覺得冷，除了簡單易拆洗的濾網外，室內機本身也需要定期清洗，除非你買的空調有乾燥功能，吹完冷氣後會先將室內機乾燥後再關機，否則一般的冷氣都沒有這個功能，很容易過了一個冬天後，再開啟就有霉味跑出來，故每年夏天來臨前清洗室內機十分重要。

最容易被忽略的就是吊隱式空調，可能有人根本沒洗過，因為室內機藏在天花板裡，如果維修口做得不夠大，想洗也洗不到，所以喜歡裝吊隱式空調的人要特別注意。

1 圖中左側濾網被布滿的棉絮阻塞，無法正常吸氣，便會影響空調機械的效率。
2 可以請人來家裡清洗室內機，或拆回工廠洗。

6. 保護好冷媒管

冷媒管外層的保溫披覆害怕紫外線直接照射，我家的室外機都放在陽台裡，冷媒管都沒有裸露於外牆，但有一面西曬的太陽會照到，長久下來就有些脆化，可以想見若直接裸露在室外，風吹日曬雨淋下來，恐怕一年就有問題，所以一定要在最外層加裝抗紫外線的保護罩，否則當冷媒管的保溫披覆失效，冷氣也會怎麼吹都不冷。

7. 吊隱式空調的回風也要保溫

一般居家的吊隱式空調常常沒有做回風管，更別提保溫，都是利用整個天花板裡的空間做回風，如果出風口和回風口離得近，影響會比較小，如果離得遠，造成的困擾可以非常的大。

之前為讀者做現勘服務時，他反應不知為何冷氣總要開3小時以上才會涼，原來他家是頂樓加蓋，整個斜屋頂和木作天花板之間的空間都是吊隱式空調的回風空間，加上屋頂隔熱不佳，所以要將天花板裡的空氣也降溫，室內才會涼，非常浪費電。

如果木作天花板裡用的角材是甲醛含量較高的，你以為藏在天花板裡沒關係，那就錯了！因為如果你裝的是吊隱式空調，回風時會將天花板裡的有毒氣體帶進室內，如果天花板裝的是嵌燈，燈具散熱至天花板裡，回風時還要為燈具降溫，也是耗電。

另外，混凝土有蓄熱和蓄冷的功能，你家如果用天花板回風，吹冷氣時樓上的鄰居會覺得地板蠻涼的，因為木作天花板裡的空氣被降溫，混凝土天花板也會被降溫。

1 冷媒管走外牆一定要有保護罩，抗紫外線又整齊美觀。
2 冷媒管的保溫披覆被紫外線風化。
3 天花板裡塞滿滿的是有保溫披覆的回風管。

8. 治標不如治本

依照綠適居這些年來的推廣成果表示，空調用電約有80%用來移除由建築外殼進入室內的熱量，這也是台灣夏季尖峰用電提高的原因。想要節約最耗能的空調，做好建築隔熱才是治本之道，當做好屋頂、牆面的隔熱及窗面的外遮陽，便能抵擋高強度的夏季太陽輻射熱，進而降低空調用電。

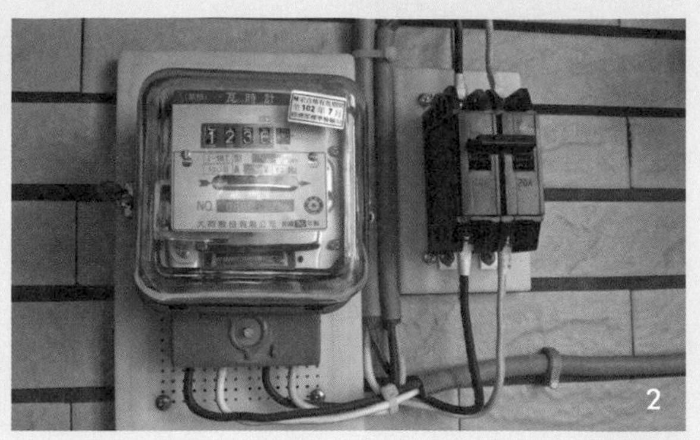

1 主臥室的空調及電表。
2 為何我們會知道空調用電大約比前屋主節省了 80% 以上？那是因為我們在家中一台分離式 1 對 1 變頻空調的電源端加裝電表，也在另一台分離式 1 對 3 變頻冷氣加裝電表，藉由這兩台電表，我們便可以精確統計出我們的空調正確用電。

以我家為例，主臥室天花板就是屋頂混凝土層，空調為分離式變頻冷暖氣機，我在旁邊裝了一個電表做紀錄，每天使用7～8小時，還沒做屋頂隔熱時，夏天一晚的用電度數是4～5度電，做好隔熱保溫層後，一個晚上用不到1度電。主臥室的空調我幾乎天天開，因為我怕熱、海韻怕冷，即使如此，這台機器用了2年半，電表上顯示600度，平均每個月只用了20度、電費約60元，非常省電，因為夏天時冷氣只需冷卻我們身體的發熱量，而不需冷卻屋頂；冬天時因為屋頂有作保溫，暖氣也不會因為冰冷的屋頂而一直喪失熱量。

改善手法4 空調排水要有存水彎

我們還住在台中時，會在家裡開課，有一陣子運用社區圖書室當教室，我站的位置正好在室內機旁邊，邊講邊傳來一陣陣的屎味，後來室內機壞了，請廠商來維修發現竟然是腐蝕！這讓我想到可能是冷氣的排水管直接接到化糞池，化糞池的沼氣沿著排水管傳到圖書室，於是我自己用水管做了存水彎裝上後，果真不再有臭味，室內機也不再腐蝕。

如果冷氣有腐蝕紀錄或會傳來異味，加裝存水彎就能改善。

之前有朋友請我幫忙去處理一個棘手的案子，他的客戶因為冷氣不斷腐蝕加上下大雨時，水會從冷氣的排水管流進來，讓她2樓的家裡淹水，與建設公司交涉許多次都無法解決問題，後來我去一看就知道一定是屋頂的雨水排水管和冷氣的排水管共管，雖然沒有接到化糞池，但排水管出口正好在地下室化糞池的排氣口旁邊，沼氣便竄進她家的空調室內機，幸好後來整件事情有順利解決。

由此可知建商的施工品質十分重要，小到冷氣排水也不能做錯，否則住戶的權益將受到十分大的影響，如果不小心買到這樣的房子，記得加裝存水彎，並定期檢查存水彎裡有沒有水（用透明的管子比較方便檢視）。

改善手法5 想盡辦法使用變頻家電產品

我家在2005年年底採購新家家電時，就已經鎖定有變頻一定買變頻，那時的選擇性不多，現在變頻當道，要買新家電就別猶豫了。而我家目前的變頻電器有冰箱、微波爐、洗衣機、抽油煙機、立扇、換氣扇、抽風扇，都十分好用且省電。

變頻冰箱／微波爐／洗衣機

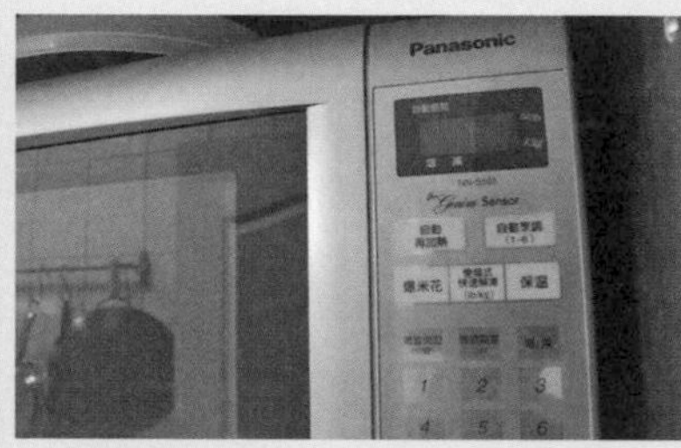

變頻抽油煙機

我家的變頻抽油煙機有6段變速，最高128W每小時排氣排1000立方公尺，最低11W每小時排氣約100立方公尺，煮開水、燉食物時最好用，因為一般無變頻的抽油煙機只有2段變速，低轉速時也還有120W以上，而且噪音大，導致很多主婦不想開啟，使得環境濕度大增，油煙也沾滿廚櫃表面，得不償失。

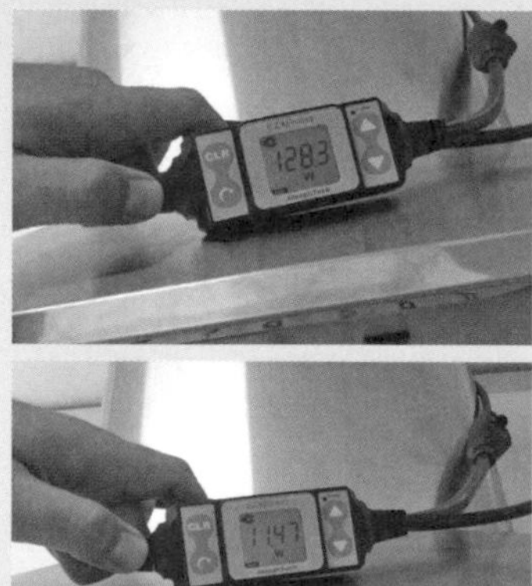

超節能變頻換氣扇

我家浴廁用的變頻換氣扇是全電壓的產品，全世界家庭低壓供電系統110V～220V皆可使用，雙速耗電功率分別是3.0W及7.5W，排氣風量分別是85立方公尺／每小時及126立方公尺／每小時，使用一般開關控制，再度開啟時便可換速，建議洗澡時可開啟高速換氣模式，其他時間開啟低速超節能模式，85立方公尺／每小時的換氣量可滿足室內4人基本換氣量每小時80立方公尺的需求。

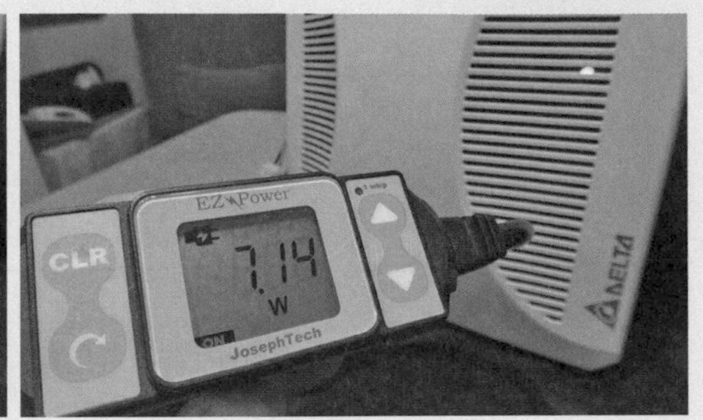

實際用功率計量測，低速耗電功率2.7W（綠燈亮），高速耗電功率7.14W（黃燈亮），24HR運轉一年電費只有71元（0.0027KW*24HR*365天*3元／度＝71元），這種電費千萬不要省，因為它肩負起浴廁排濕排臭的功能；如果客廳或房間有開窗一指縫或是有開10公分直徑的進氣口，形成完整的通風路徑，這個基本換氣量就是新鮮空氣的主要來源，因為台灣大部分家用空調設備並沒有換氣功能。

有濕度感應的變頻換氣扇

我家廚房天花板裝有濕度感應直流變頻換氣扇，它是全電壓的產品，110V～220V皆可使用，如果室內濕度從50%變化到90%以上，它的耗電功率從分別是4.5W變化到24W，排氣風量也會從125立方公尺／每小時～254立方公尺／每小時，使用一般開關控制，再度開啟時便可切換濕度感應變風量到最大排氣量，建議裝置在廚房天花板及有加裝窗戶的工作陽台天花板，24HR開啟濕度感應模式排氣，因為廚房沒在煮飯時依然潮濕，工作陽台在晾衣服時也非常潮濕，潮濕時加大排氣量，乾燥時有基本排氣量，能夠換氣排濕也能盡量節能。

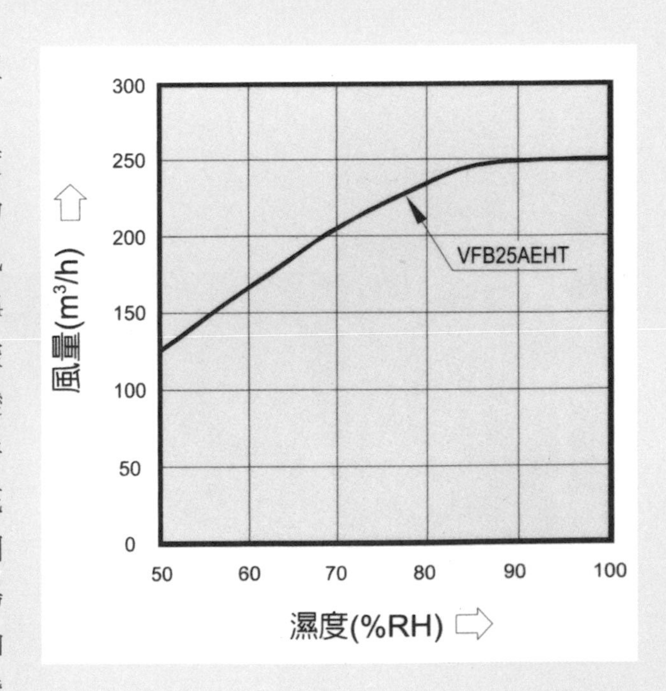

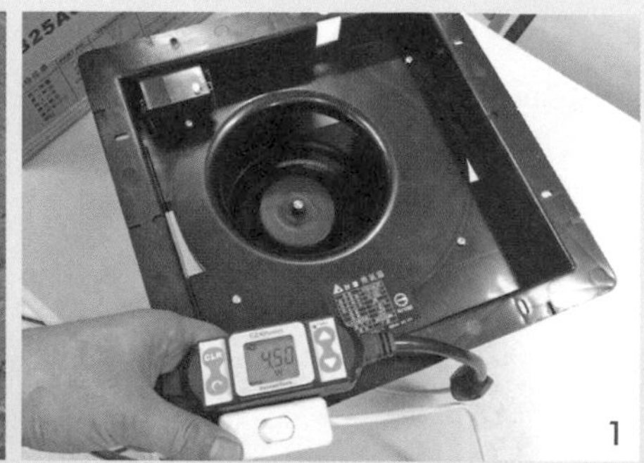

1 室內環境濕度 50% 以下時，濕度感應直流變頻換氣扇的排氣風量 125 立方公尺／每小時，耗電功率僅有 4.5W。
2 室內環境濕度超過 50% 時（我在感測頭上放了吸水的衛生紙），濕度感應直流變頻換氣扇的耗電功率會開始上升，排氣量也會隨之增加，排氣量亦隨之變大。

DC直流節能吸排扇

我家廚房通往工作陽台的門上方裝的是12吋DC直流節能吸排扇，它是全電壓的產品，110V～220V皆可使用，待機的耗電功率0.43W，0.96W就可以轉動，無段變速到21W，使用一般旋鈕式開關控制，順時針轉到最大排氣量，建議可裝置在工作陽台當作是24HR開啟的全屋負壓排氣扇，前提是工作陽台要裝窗戶好控制通風方式，因為工作陽台晾衣服時非常潮濕，所以工作陽台必須是全屋通風路徑的末端，在末端設置大排氣量的全屋負壓排氣扇再適合也不過了。

可惜的是規格書上並無標示排氣量，不過按照我用風速計測得換算，12吋約能達到500立方公尺／小時，14吋約能達到700立方公尺／小時，重要的是能夠無段變速，夏天換氣可以大量排氣，冬天換氣可以少量排氣，21W的耗電量也比一般市面40～50W的側排風扇節能40%以上。

待機0.43W。

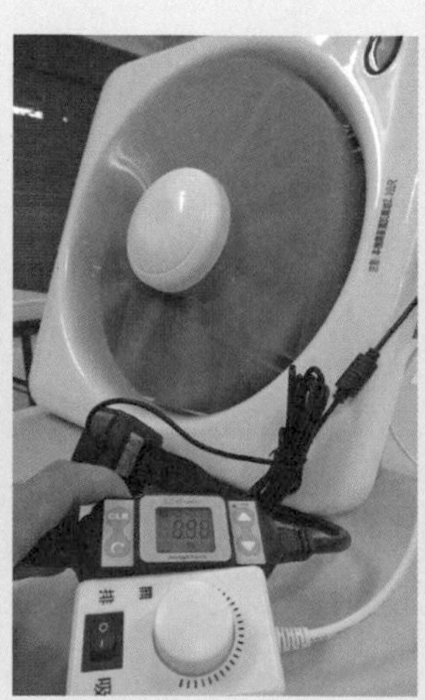

啟動0.96W。

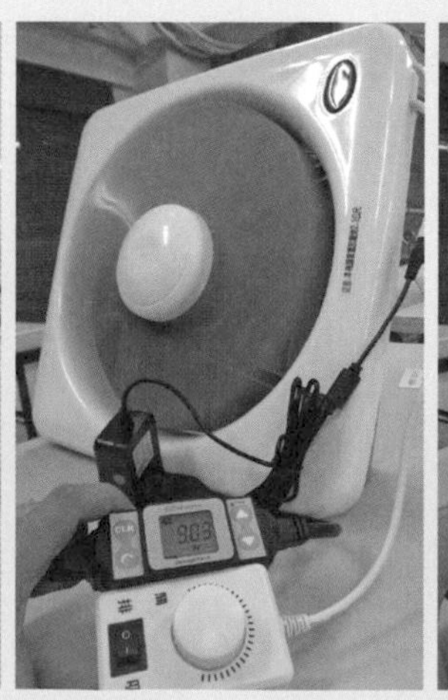

調整轉速，功率隨之變化。

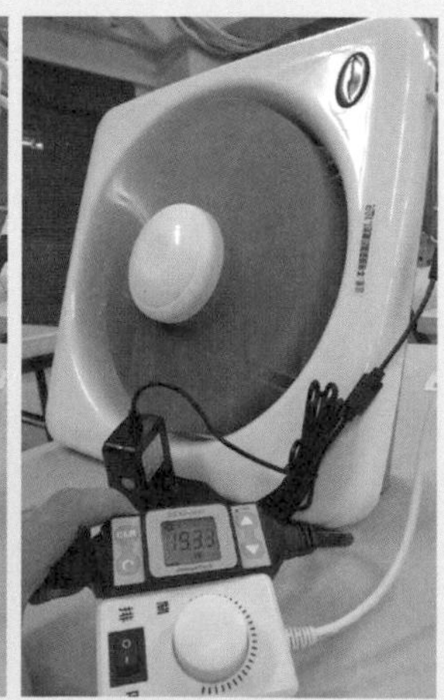

實際測得最高轉速，最大排氣量時耗電功率只有19.33W。

DC直流節能遙控立地電扇

2012年變頻立扇剛開始流行，我們便迫不及待去買了，比較了賣場僅有的3款機型，結果有2款都因為噪音太大被我退回門市，退到銷售員都快翻臉了（後來覺得在網路上買比在門市買好，有鑑賞期，不滿意可直接退，不用看店員臉色）。最後選定的14吋DC直流節能遙控立地電扇是110V的產品，誇張的是它有32段變速，待機的耗電功率1.56W，1速2.32W就可以轉動，噪音超小，一直變速到32速25.69W。

因為我們對機器的聲音很敏感，海韻又不喜歡風速太大，發現變頻的實在好用，可以依據喜好調整風速，再也不用像以前的立扇只有3速控制，設定最小風速後，還得先吹牆壁，再利用反彈回來的風吹身體，不然會太涼或太冷，而且耗電功率還高達40W以上。所以後來又陸續買了2台，真是節能又舒適。

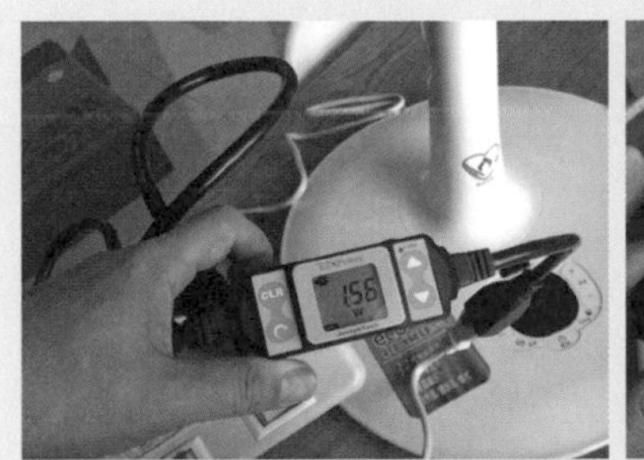

待機1.56W。

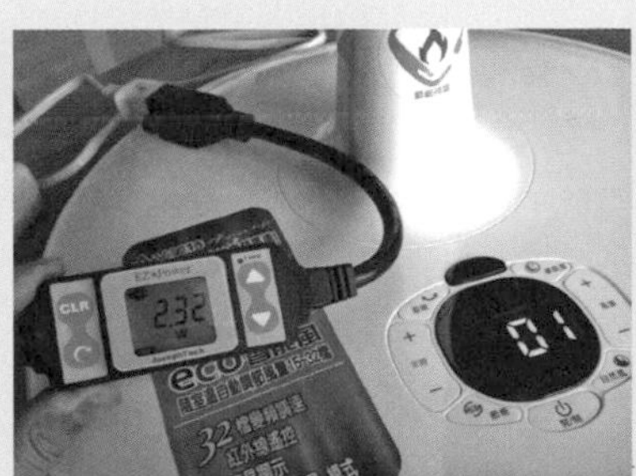

1速啟動2.32W。

2速2.59W。

3速2.67W，真的可以依照需求選擇風速。

16速5.56W，螢幕顯示的風速和耗電功率並非等比成長。

測得最大風量時耗電功率為25.69W。

改善手法6 善用定時器及改變生活習慣

不斷煮沸的開飲機

有一次回到母親家過夜，當晚睡在客廳的沙發上，結果很慘，因為大約每兩小時都會被餐桌旁的一台開飲機叫醒一次，因為它的保溫性能不佳，會不斷地重新煮沸，煮沸時所發出的巨響，叫醒了熟睡中的我，這就是一般開飲機的缺點，既耗電也會影響水質。

所以，最好選用保溫性能佳，而且可以設定不同保溫溫度的熱水瓶，便可簡單達到節能的目的。如果是辦公室或工作場所必須使用開飲機，採購時要特別注意它的保溫性能及斷電節能功能；如果已經使用舊款的開飲機，記得加裝一個定時器，在沒有人員上班的夜晚將開飲機關閉，以節省不必要的電力。

保溫性能好的熱水瓶就不需要再用定時器於夜晚關閉，我之前做過量測，一整晚的待機電力和斷電一晚後再煮沸所需的電力，前者反而比較少些，而且水不用一直被煮沸、影響水質。

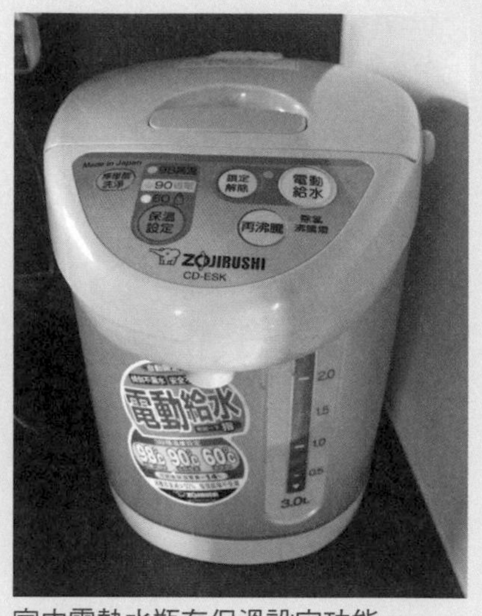

家中電熱水瓶有保溫設定功能。

密封盒妥善保存省電又好找

冰箱一年365天都要運作，如能妥善使用，也能省下一筆費用。許多人常將冰箱塞得很滿，這樣非常耗電，應該養成定期清理冰箱過期食物的習慣。另外最好將各種食物用密封盒妥善保存，不但冰箱裡不會有異味，也不用花很多時間打開冰箱翻找，比較省電；買回來的菜最好都先處理過再密封保存，以免浪費電去冷藏不會吃到的部分，要煮的時候直接下鍋也較省時。

我家的變頻冰箱還有一個不錯的功能，就是開太久會嗶嗶叫，提醒你趕快關上，每開啟一次，冰箱裡的冷空氣就會洩漏，壓縮機就要啟動製冷，有一次我沒關好，幸好冰箱會叫，否則食物就壞了。

變頻冰箱裡利用密封盒保存食物既好找也更省電。

不知道如何斷電的電熱水器

2007年我們的協會辦活動，輔導高雄一戶住家節能改造，他們家的電熱水器因為不知道怎麼關，所以365天都開著，即使夏天沒用熱水也沒關過熱水器，十分耗電。因為電熱水器的儲熱水桶只要有熱水流出就會有冷水補充，降低的水溫讓熱水器啟動加溫，如果洗完澡才關閉電熱水器，就會有一桶剛做好的熱水等著慢慢降溫。

後來為他們家的電熱水器加裝電表及定時器，除了方便控制電熱水器的啟動時間，也可以觀察電表以了解實際的用電狀況。他們後來發現，冬天只要設定洗澡前燒半小時、快洗完澡時關閉，前後只要開1小時就夠了，省下不少冤枉錢。

定時器可有效管控電熱水器用電。

購買指南

材料名稱	推薦品牌	哪裡買	備註
EZ POWER 電力計	齊碩	綠適居社會企業網路商店 http://www.pcstore.com.tw/soenergy/	可量到小數點下兩位
變頻換氣扇	台達電子	綠適居社會企業網路商店 http://www.pcstore.com.tw/soenergy/	超省電、低噪音
濕度感應變頻換氣扇	台達電子	綠適居社會企業網路商店 http://www.pcstore.com.tw/soenergy/	可隨著濕度改變排氣量
變頻立扇	艾美特		超省電、低噪音

備註：市面產品眾多，只要用本書的材料名稱，上網搜尋，便可找到相當多的資訊，以上是我們用過覺得不錯的產品，選購時還是要謹記貨比三家不吃虧的原則。

國家圖書館出版品預行編目資料

綠適居1：打造綠色、舒適、健康的好宅不是夢
／邱繼哲、譚海韻合著. --初版.--桃園市：台灣
綠適居協會，2016.10
面：　公分.——
ISBN 978-986-93546-0-8（平裝）
1.綠建築　2.建築節能
441.577　　105015252

綠適居1：打造綠色、舒適、健康的好宅不是夢

作　　者　邱繼哲、譚海韻
發 行 人　邱繼哲
出　　版　台灣綠適居協會
337桃園市大園區高鐵南路一段101號12樓
電話：（02）2393-0932
email：gchassoc@gmail.com
設計編印　白象文化事業有限公司
專案主編：吳適意　經紀人：吳適意
經銷代理　白象文化事業有限公司
402台中市南區美村路二段392號
出版、購書專線：（04）2265-2939
傳真：（04）2265-1171
印　　刷　基盛印刷工場
初版一刷　2016年10月
定　　價　400元

綠適居折價券

200元

GCHA
Green Comfort
Health Architecture

使用期限：即日起至2018年9月30日前
每次限用1張，影印無效
可用於課程及現勘服務，相關內容請見台灣綠適居協會部落格

綠適居折價券

200元

GCHA
Green Comfort
Health Architecture

使用期限：即日起至2018年9月30日前
每次限用1張，影印無效
可用於課程及現勘服務，相關內容請見台灣綠適居協會部落格

綠適居折價券

200元

GCHA
Green Comfort
Health Architecture

使用期限：即日起至2018年9月30日前
每次限用1張，影印無效
可用於課程及現勘服務，相關內容請見台灣綠適居協會部落格

綠適居折價券

200元

GCHA
Green Comfort
Health Architecture

使用期限：即日起至2018年9月30日前
每次限用1張，影印無效
可用於課程及現勘服務，相關內容請見台灣綠適居協會部落格

綠適居折價券

200元

GCHA
Green Comfort
Health Architecture

使用期限：即日起至2018年9月30日前
每次限用1張，影印無效
可用於課程及現勘服務，相關內容請見台灣綠適居協會部落格

姓名：
電話：
信箱：
地址：
使用日期：

姓名：
電話：
信箱：
地址：
使用日期：

姓名：
電話：
信箱：
地址：
使用日期：

姓名：
電話：
信箱：
地址：
使用日期：

姓名：
電話：
信箱：
地址：
使用日期：